中国旅游饭店业协会　推荐

茶艺服务

田立平　主编

北京·旅游教育出版社

责任编辑：景晓莉

图书在版编目（CIP）数据

茶艺服务／田立平主编. — 北京：旅游教育出版
社，2013.9（2022.4 重印）
ISBN 978 - 7 - 5637 - 2769 - 8

Ⅰ.①茶…　Ⅱ.①田…　Ⅲ.①茶叶—文化—中国
Ⅳ.①TS971

中国版本图书馆 CIP 数据核字（2013）第 213887 号

茶艺服务

田立平　主编

出版单位	旅游教育出版社
地　　址	北京市朝阳区定福庄南里 1 号
邮　　编	100024
发行电话	(010)65778403 65728372 65767462（传真）
本社网址	www.tepcb.com
E - mail	tepfx@163.com
排版单位	北京旅教文化传播有限公司
印刷单位	北京虎彩文化传播有限公司
经销单位	新华书店
开　　本	787 毫米×960 毫米　1/16
印　　张	16
字　　数	175 千字
版　　次	2013 年 9 月第 1 版
印　　次	2022 年 4 月第 3 次印刷
定　　价	49.80 元

（图书如有装订差错请与发行部联系）

随着中国旅游业的迅猛发展，给中国饭店业在服务、管理上提出了更高要求。作为饭店产品生产者和提供者的最广大基层服务人员，其素质高低直接影响到人们对中国饭店业的整体评价。积极开展岗前培训和在岗培训，是提高饭店从业者劳动素质、强化其职业能力的有效措施。

目前，我国适用于茶艺服务业短期培训的教材及配套教学DVD还是一个空白点。为适应窗口行业短期培训的需要，推动旅游饭店职业培训工作，提高培训质量，在中国旅游饭店业协会的大力倡导下，在全国各旅游学校及饭店业的积极参与下，我们成立了旅游行业培训教材研发中心，对涉及茶艺服务岗位的知识模块、技能要求、操作规范等进行了详细论证和研究，组织业内专家编写了这本《茶艺服务》。

教材配套DVD通过对茶艺服务基本知识的介绍，对茶艺服务流程、不同类别茶艺的服务规范和专项技能进行了模拟示范和演练，以提高学员的实际操作能力。DVD全面展示了茶艺服务工作的全过程，通过演员规范的动作和精辟的讲解，让即将上岗及在岗的茶艺服务员熟悉茶艺服务流程，掌握每一环节的操作规范，并加以模拟操练，不断提高自己的规范服务能力和应变能力。

学员观看DVD时，最好与配套用书一起使用，边看边学，边学边练，方能达到强化技能、规范操作的目的。

本教材是2007年版本的升级换代产品，它在第一版基础上进行了重大调整，将原有的三篇整合为基础知识篇和操作技能篇两篇，全书由原来的15个模块增加至18个模块，新增茶艺服务业概述、茶艺经营概述、泡茶前必备知识3个模块，并根据茶艺业的最新发展，将"餐前茶"服务补充完善为"餐茶"服务，附录部分新增"茶艺馆服务员国家职业技能等级要求"。

本版文中配图及教学光盘均为全新拍摄，为全彩版。与前一版教材及同类出版物相比，本教材具有以下特点：

第一，可操作性强。教材以读者的实际需要为出发点，紧密结合饭店工作实际，结合新技术、新理念在旅游饭店的实际运用，在编写中坚持"用什么，编什么"的原则。理论知识言简意赅，以够用为度，在实际操作环节中，条理清晰，操作规范，重在学员服务技能的培养。

第二，内容简洁。教材文字简练且生动，书中没有过多的文字描述，主要运用各种流程表，说明技能操作的步骤及服务质量标准。

第三，紧扣职业技能鉴定。教材紧紧围绕国家职业技能鉴定的内容和要求，在基本保证知识连贯性的基础上，着眼于技能操作，突出针对性、实用性，使读者在学完教材后，对茶艺服务职业技能鉴定的范围和内容有一定的了解。

第四，联动效应强。教材实现了学习、训练、模拟演练的联动，学员边看边学、边学边练，更能起到强化技能、规范操作的作用。

第五，版式设计活泼。在行文中穿插了操作图解，寓教于乐，使枯燥的学习变成有趣的游戏。

本教材既可供各旅游企业、各地旅游培训部门对员工进行岗前培训或在岗培训，也可供旅游企业员工在参加考核前自学，同时也是各旅游职业学校学生就业培训的良师益友。

旅游教育出版社

目 录

上 篇
基础知识篇

模块1 茶艺服务业概述

　　茶艺服务，是指在茶文化艺术氛围下为客人提供品茗及茶点服务。现代茶艺服务业主要是在传统饮茶的基础上，加入了更浓的茶文化底蕴和不同的风格，来满足人们的不同需求。

　　在环境幽雅、陈设古朴的环境里，各种名茶及与之相配的茶具，各种名茶的冲泡方法，包括茶艺中的服务，以及烘托品茶氛围的委婉悠扬的曲子，柔和的灯光……都是贯穿茶艺服务全过程的有形或无形产品。

一、茶艺服务场所

　　茶艺服务场所，主要是为客人提供品茶、交际、商务洽谈、休闲、娱乐服务的商业性场所。其经营形式主要包括茶馆、茶楼、茶艺厅、茶餐厅等。

茶艺场所的设立所寻求的文化背景很浓，它要求环境幽雅、陈设古朴，有很强的文化气息。要给人一种高雅、舒适、幽静的感觉。在这种氛围下的家具的样式、颜色，灯光的强度以及装饰的色调，音乐的选择等都是与茶艺场所的整体氛围相辅相成的。

茶艺场所的经营形式相对比较灵活，它在满足人们新的消费需求方面独具特色，使品茶逐渐成为人们生活的一部分。近年来，各地建立了许多不同风格的茶艺场所。

（1）茶艺馆：形态各异，有的以发展传统和创新文化为主，有的以提供休闲服务为主，有的以特色茶服务为主……

（2）茶坊（室）：现代与传统相结合的娱乐、休闲场所，主要突出现代文化气息。

（3）水吧：休闲场所，经营无茶饮料和有茶饮料。

（4）茶庄：主要以出售茶叶、茶具为主。

（5）茶餐厅：茶文化与饮食文化结合为一体的综合性较强的服务场所。既可以喝茶，又可以就餐。

（6）饭店中的音乐茶座：为客人提供休息、品茶、会客的场所，是饭店服务的一部分。

（7）茶叶批发店：主要以批发为主，将茶叶出售到各大销售点。这里茶叶、茶具种类齐全，购买茶叶时可以先品尝再购买。

二、茶艺服务项目

（1）出售传统茶产品及相关产品：出售茶叶、茶具、茶点、水果、茶水、工艺品、字画、专业书籍等。

（2）出售茶文化礼盒：出售茶叶礼盒（茶叶与茶具组合、茶叶与茶点组合、茶叶与茶盘组合、茶叶与书籍组合等），茶具礼盒（紫砂茶具、玻璃茶具、陶瓷茶具）和茶点礼盒（茶月饼、茶点心、茶梅等）。

（3）代客存茶、养壶：客人所点茶叶未喝完的，可委托茶店用专业方法存放，待下次饮用。客人在店内或店外购买壶具的，也可委托店内专业人员养护。

（4）休闲娱乐与商务洽谈：为客人提供棋牌娱乐、上网聊天等服务，也为商务洽谈提供打字、发传真、发邮件、无线上网等服务。

（5）茶文化互动：开展茶友会、笔会、茶艺交流、茶知识讲座、茶艺表演、现场炒茶等活动。如春茶上市时，可在茶馆门前现场炒制，烘托品茶氛围，扩大茶馆知名度。

（6）茶之旅：节假日可策划古筝、古琴弹奏，茶知识有奖竞猜等活动。

三、茶艺服务对象

（1）茶艺会员：茶艺馆发动和组织一批有志于弘扬中国茶文化的专业人士、文人雅客、商界人士，兴办茶艺会。会员既是固定客源，又是茶艺事业发展的倡导者和推动者。

（2）海内外游客：每个地区都有一些旅游资源，茶艺馆可配合地方的旅游建设，与当地的旅游部门挂钩、定点。这样，不仅可以把中国茶文化介绍给海内外游客，同时也可以促进茶艺商品的销售。

（3）普通散客：由于茶文化的兴起，品茶已成为很多有品位人士的消费选择。无论是洽谈业务、聚会聊天，还是谈情说爱，茶艺馆都是一个好去处。这部分客源消费水平相对较高，是茶馆经营的主要营销对象。

四、茶艺服务业存在的问题

茶艺服务业发展很快，存在许多需要改进的地方：

（1）茶叶的品种虽全，但不精，更没有发掘特色种类。

（2）泡茶用具总是一个样，不能给客人常变常新的感觉。

（3）茶艺人员的着装与环境不符，落入俗套，没有创新。

（4）茶叶与冲泡茶具不搭配，茶叶定价不合理。如：茶叶的质量好，却无真正上等的紫砂壶冲泡。

（5）代客存茶、养壶不够专业。例如：客人存茶时没有说明存茶方法，将茶叶放在一个固定位置，就算是存茶了。有一些经营有特色的茶馆如碧露轩茶艺馆，则采取了存量不存茶的做法，设质检员专门验收茶叶，将客人所存茶叶量化，待客人再来饮茶时，取出同品种一定量的茶叶进行冲泡即可。这样既便于保存茶叶，又可以让客人时时品尝到新茶。

（6）专业人才匮乏。近两年来，茶文化爱好者越来越多，越来越专业，要为这些客人提供满意的服务，茶艺服务人员就要不断提高服务素质，修炼文化内涵，扩大知识层面，逐渐走向专业化。

五、茶艺服务从业人员现状

专业人才匮乏成为制约茶艺业健康发展的主要因素，一些开业不久或即将开业的茶馆，就是因为招不到专业的茶艺人员，而无法照常开业，甚至经营不景气。国家人力资源和社会保障部虽然在《中华人民共和国职业大典》中将茶艺师列为一种职业，并将该行业从业者分为初级茶艺师、中级茶艺师、高级茶艺师、技师、高级技师五级，但是，这并没有引起相当多茶馆经营者的重视，导致经营无特色、经营不景气。现将茶艺服务从业人员现状归纳为以下几点：

（1）茶艺从业人员结构不合理。

（2）茶艺从业人员的学历、知识层次不够高。

（3）茶艺从业人员的综合素质差，对茶艺的深层理解不够，茶专业知识，琴棋书画知识，美学、心理学知识都有待进一步学习和提高。

（4）参加茶艺培训的人员，业余爱好者占80%，茶艺工作人员只占20%，茶艺从业人员发展后劲不足。

模块2 茶艺经营概述

一、选址

决定茶艺经营好坏的关键因素是选址是否到位，可以说，位置对艺场所经营好坏起着至关重要的作用。

（1）建筑面积与结构：选址时，要根据经营范围，选择面积适当的茶艺场所，了解内部结构是否适合所开设项目，是否便于装修，有无卫生间、安全通道等，对不利因素能否找到有效的补救措施。

（2）了解周围企事业单位的情况，包括经营状况、人员状况、消费特点等；周围居民的基本情况，包括消费习惯、消费心理、休闲娱乐消费特点等。

（3）了解周围其他服务企业的分布及经营状况，主要了解中高档饭店、酒店的经营状况及主要客源、客源出行特点及消费习惯等。

根据上述因素，建议将自己的茶艺经营场所开在下列地区或地段：高档小区、外企白领工作区域、娱乐商业区、旅游景点附近、茶文化街等。

二、投资解析

（1）了解租金的金额、房屋状况（辨别房产证的真伪、房屋有无转让费、签署具有法律效力的房屋租赁合同等）。其中，租金是将来经营成本中最主要的组成部分，要慎重核算成本，根据资金状况做出选择。

（2）了解水电供应是否配套、使用是否便利，能否满足开馆的正常需要；水电设施的改造是否方便，有无特殊要求；排水状况；水费、电费的价格及收费方式等。

（3）交通是否便利，有无足够的停车场地，对停车的要求、停车费用、交通管理状况等。交通环境不良，没有足够的停车场地，往往会给经营带来一定的困难。

（4）投资预算：要有一个基本的投资估算，与投资者的资金实力、拟投资数量进行比较。估算项目包括装修费用，购置家具、茶具、茶叶的费用，招聘及培训费用，考察费用，证照办理费用，流动资金，办公费用，前期人员工资，其他费用等。

三、开业筹备

（1）证照办理：茶艺馆开业前需办理的证照有消防安全合格证、卫生许可证及从业人员健康证、营业执照、税务登记证（并领取发票）。

（2）茶单：茶单的形式多种多样，有仿古式、竹简质地等，茶单的设计要与茶艺馆的风格相辅，内容主要包括茶品名称、茶叶价格、茶点价格等。

（3）定制服装：不同风格的茶艺馆对服装的要求有所不同，大多数茶艺馆是以民族风格的服装为主。具体选择时，应注意颜色要协调，穿着应舒适。

（4）广告宣传：在茶艺馆开业前，要通过多种渠道把开业的消息发布出去，以便引起更多人的关注。可用的形式多种多样，如报纸广告、新闻宣传、条幅、电话、人际传播等，也可利用微博、微信等新媒体发布消息。

（5）试营业：为了保证正式开业能达到理想的效果，在开业前15天可以进行试营业。试营业对象一般以亲朋好友为主。通过试营业，可以发现并及时改进问题。试营业要求全体服务人员参加，以实战的标准进行要求，管理人员现场观察、指导，每天营业结束后进行详细总结，提出改进建议。

（6）酬宾活动及开业庆典：为了吸引顾客，扩大影响，在开业初期可以推出酬宾活动，如打折优惠、赠送礼品等。

四、装饰设计

1. 影响品茶环境的因素

品茶环境，不仅指茶馆所处的周围环境，如自然景色、房屋建筑、室内的陈设与布置及人工设施等，而且还包括品饮者之间的人际关系、心理素质，以及与泡茶相关的服务环境和工作环境。

明代冯可宾提出了适宜品茶的13个环境因素：一要悠闲自得，二要无拘无束，三要无忧无虑，四要以诗助兴，五要茶墨结缘，六要小桥流水，七要清净润口，八要酒后解渴，九要果点清供，十要摆设陶情，十一要识知茶事，十二要精于茶道、懂得鉴赏，十三要文童侍候、得心应手。

总的看来，影响品茶环境的因素主要包括四个方面：

（1）饮茶所处的周边自然景色。

（2）与饮茶相关的主客间的人际关系。

（3）品饮者的自身涵养与素质。

（4）茶的冲泡技艺。

2. 几种常见的品茶环境

营造良好的品茗环境，对茶馆经营非常重要。尤其是高档茶馆，必须有一个适合品茗的环境，使之成为品茗和休闲的佳处。

品茗环境因品饮者的层次、涵养、追求不一，要求当然不一。

第一，层次较高的茶宴，室内外环境设计都要胜人一筹。

层次较高的茶宴，不但要求居室、建筑富有特色，四周自然景色美观，而且要求室内摆设讲究，富含情调。

如杭州的湖畔居茶楼，临湖而立，座楼三层，飞檐翘角，画栋精雅，在此品茶，独揽湖光秀色；室内布置，简洁幽雅，精美朴素；墙上是表现茶事的仿古画卷，桌上是古色古香的茶具；还有服饰典雅，整洁大方，懂茶道、会茶艺的泡茶小姐为顾客讲茶、冲茶、奉茶，使人尽享饮茶的生活乐趣。

又如北京老舍茶馆，建筑设计与室内布局具有浓厚的清代风格，室内搭一个戏台，由名角弹唱。墙上挂有大家茶画，柱上雕有名家茶联，四周缀以四时花草，如此品茗尝点，清风徐徐，使人进入到"无我"的境界。

第二，也可以营造富有家庭气氛的饮茶环境。

在茶馆里可以专门辟出一个小房间，布置成品茶雅室，既可作为家人团聚之处，也可作为顾客招待客人的专门场所。

例如，可仿照江南民宅，在厅室内侧挂对联，在靠墙的长条画桌上放几件古董，在画桌前摆上一张八仙桌，两旁放着太师椅……在此品茶，也很有情趣。

还可选择在茶馆向阳靠窗的地方，配以茶几、台椅，临窗摆一些盆花，可增添一些品茶的情趣。

倘若这些条件都不具备，那么，把室内物件放得有条不紊，做到窗明几净，营造出一个安静、清新的环境，同样也可成为赏心悦目的品茶场所。

总之，待客品茶，只要在"营造"二字上下些功夫，就能取得良好效果。

第三，还可营造一种随遇而安的品茶环境。

　　茶馆要使每个品茶者都能找到各自喜好的品茗环境，往往是可遇而不可求的一件事。在我国闽南以及广东的潮州、汕头一带，人们好品乌龙茶，俗称喝工夫茶。人们对品茶环境并不刻意追求，相反，却强调随遇而安。凡待客宴请，或好友相叙，或自酌自品，在多数情况下，无固定位置，也无固定格局。这样更显品茶环境色彩纷呈，平添无穷乐趣。

3. 装饰设计原则

　　（1）品茶环境要突出品茶氛围，视觉设计要有吸引力。

　　（2）设计实用，投资最少。要从有限的投资空间获取最大的收益。

　　（3）布局合理、实用、经济、安全，服务畅通。

　　（4）保证环境卫生整洁。

　　（5）便于员工高效率地工作。

4.室内设计类型

（1）自然型：这种布置，重在渲染自然美。如在品茶室房顶缀以花草、藤蔓，在墙上饰以蓑衣斗笠、渔具，甚至红辣椒、宝葫芦、玉米棒之类……家具多选竹、木、藤、草制品。这种竹屋茅舍式布置，使人仿佛置身于山乡农舍、田间旷野、渔村海边，有回归大自然之感。

（2）民族、地域型：中国有56个民族，每个民族都有自己独特的饮茶风情。如藏族的木楼、壁挂和酥油茶；蒙古族的帐篷、地毯和咸奶茶；傣族的竹楼、天棚和竹筒茶；又如富有南国风光的热带雨林品茶室，富有江南情调的中堂品茶室，富有巴蜀特色的木桌、竹椅和"三件套"盖碗茶茶室，还有席地而坐的日本和式茶室，富有欧洲风情的欧式品茶室等，都会给品茶者带来一种异样的情调。

（3）文化型：这种布置，重在突出文化特色。四壁可饰以层次较高的书画和艺术装饰物，室内摆上与茶相关的工艺品，即使是桌椅、茶具，也要从功能与艺术两方面加以选择。但室内的布置与陈设需有章法，不能有艺术堆积、纷杂零乱之感。

（4）仿古型：这种布置，重在满足部分品茶者的怀旧心理。仿古型茶室大多模仿明、清式样，品茶室正中挂有画轴和茶联，下摆长条形茶几，上置花瓶或仿古品，再加上八仙桌、太师椅，凸显大家气派。

另外，根据投资规模及当地消费水平，还可将茶馆布置成宫廷型、豪华型等。

总之，对一个具有较大规模、拥有较多品茶室的茶楼而言，在统一整体格局的同时，应兼顾每个品茶室及散座、雅间、包厢布置的多样性，才能满足不同层次、不同心态饮茶者的需求，使顾客有更多的选择余地。

在对茶艺场所定位以后，就可以进行装修装饰的设计。设计可以自己进行，也可以请专业的设计公司来进行。不论由谁来设计，都要注意以下几个问题：

（1）充分体现定位的特色和要求。设计实际上是定位的具体化，要紧紧围绕定位来进行。

（2）体现茶文化的主题和茶艺风格的要求，例如：庭院风格、中式风格等。

（3）要从整体上去考虑，使形式与功能以及各功能区域之间能相协调、相呼应。

（4）注重实用性与经济性，量力而行，不要盲目追求高档、豪华，或者标新立异。

（5）便于施工。

（6）要考虑消费者的主观感受及适宜性，考虑消防安全、方便服务及管理等要求。

（7）要充分考察市场，了解其他茶艺馆及有关建筑的风格，以便借鉴其可取之处。

四、人员招聘

一般情况下，在装修施工开始以后，就要考虑员工招聘与培训问题。招聘可以在确定的开业日期前60天开始，培训可以在确定的开业日期前30天开始。

招聘工作的质量直接影响到以后经营管理工作的质量。招聘质量高，选择的人员合适，不仅有利于提高服务质量，而且还能保证员工队伍的稳定。选人不当，一方面不利于管理，影响服务水平，另一方面，还会造成较高的人员流动率，增加招聘与培训成本。

1. 招聘准备

在招聘开始前必须做好以下准备工作：

（1）设计、印制"应聘人员登记表"。

（2）确定初试、复试的内容、方式。测试的内容包括茶艺知识、社会知识、能力、品行等。方式主要有口试、笔试、现场表演、具体操作等。

（3）确定员工的待遇，包括工资、奖金、福利、假期、食宿等。

（4）确定招聘负责人及测试人员名单。

（5）确定测试标准与考核办法。

（6）确定初试、复试时间及结果的公布方式。

（7）落实面试、考试、表演的场地以及所需物品。

2. 员工来源

（1）大专院校及职业学校。

（2）职业介绍所或人才交流中心。

（3）朋友介绍、推荐。

（4）广告招聘。可以采用媒体广告或招贴广告等形式，讲明招聘岗位、人数、性别、年龄、学历、应准备的个人资料、报名时间、报名地点、联系电话、联系人等内容。

3. 招聘过程

（1）可采用现场报名和网上报名两种方式。现场报名要有固定的地点，由专人负责，报名者要填写"应聘人员登记表"，招聘组织方要告知报名者测试时间。

（2）可以采用口试、笔试、现场操作等不同形式。需聘请茶艺专家对每个应试者从不同的角度（如语言表达能力、思维反应能力、性格、技能等方面）给打分。测试结束后，确定录取人员名单。

（3）定下录取人员后，确定培训的时间、地点及应注意事项。

五、培训

1. 培训方式

培训可以采用外部培训和内部培训两种方式，或者两种方式相结合。外部培训要选择正规的、负责任的专业培训单位，如有影响的茶艺馆、茶艺培训学校、茶艺培训班等。内部培训则由本茶艺馆具有较高茶艺水平、茶文化知识、经营管理水平的专业人员负责。

2. 培训内容

（1）茶艺知识：包括动作要领、语言表达能力（讲普通话）、面部表情、肢体语言等。

（2）茶文化基本知识：包括茶叶的分类，茶叶与茶艺的历史发展，主要名茶的产地、品质特点、冲泡方法、故事和传说，茶具的基本知识，茶与健康，有影响的茶人、茶诗词等。

（3）服务程序：包括从迎宾、服务、结账、送宾，到顾客投诉的处理等一系列过程的具体步骤和要求。

（4）服务案例：把茶艺服务过程中经常遇到的问题编成案例，提出切实可行的解决方案供茶艺员学习。

（5）规章制度：包括劳动纪律、仪容仪表规范、卫生制度、考勤制度、奖惩制度等内容。

（6）人际关系技能：包括处理与同事的关系、上下级关系、与顾客关系的具体原则、方法和技巧等。

模块3　茶艺场所布局

茶艺场所是提供品茗服务和休闲娱乐、商务洽谈的场所，其主体设施和附属设施的设计都要体现中国茶文化和品茗的氛围。

一、主体设施

主要指品茶场所、茶水间、茶点房。

1. 品茶场所

一般根据房屋结构和空间大小，设有大厅内的散座、大间内的雅间，以及小间内的各种包厢。至于如何分隔，可根据整体风格进行布局和合理分配。

（1）散座：俗称大堂。根据需要与可能，大堂的正前方设置茶艺演示台和营造气氛的音乐伴奏台。根据大堂的大小，摆放数量不等的桌子，并视桌子的形状和大小，每桌备4~6把椅子。两桌间的距离为两张座椅的侧面宽度加上60~80厘米的通道。

（2）雅间：雅间面积通常为8~12平方米，放上2~3张桌子，可以用栏隔开，使视觉上有一个小包间的感觉。桌与桌的间距及椅子的配备与散座设置相同。四角可放些鲜花，墙上饰以简洁明快的天然饰物，或配以书画。与散座相比，雅间布置应当更为讲究一些。它适宜朋友聚会、小集体活动。若一个茶楼有多个茶厅，则应以与品茶有关、且文化个性较强的名字命名。

（3）包房：又叫房座，是各自独立的小间。每个包房内通常只放一张桌子，设2~6个座位。包房设计不宜繁冗，或精美或简朴，富有个性。为方便服务，还应给每个包房取上一个动人、好听又有文化内涵的名字。

2. 茶点房

通常分为内外两间，里间为特色茶点和热点制作间，尽量不与顾客照面；外间面向品茶室，用来供应茶点、水果及相应的食具。也有茶馆将供应间设在大厅一侧，茶客可根据自己的需要，自选自取。设置茶点房一般要遵循冷热分开、生熟分开的原则。

3. 茶水间

茶水间是提供泡茶用水，储存茶叶、茶具的场所。一般隔成内外两间：外间供应各种名茶，需面向品茶室，以柜台与之相隔，以能让顾客见到各种茶的花色品种为宜。也可作收银台用（不过，也有将收银台设在茶楼进出口一侧的）。里间是烧水、储水、清洗茶具的地方。茶水间的面积视客流量大小而定。

二、附属设施

主要指储藏室、更衣室、洗手间、办公室等。

1. 储藏室

以储藏茶叶和茶具为主，兼放一些无污染的物品。一般设在干燥、通风、远离异味，不影响拿取物品和不妨碍客人喝茶的地方。

2. 更衣室

是服务人员进行更衣、化妆和休息的场所，一般备有更衣柜、化妆镜、休息椅等。通常设在远离品茶区的比较隐蔽的地方。

3. 洗手间

一般设在远离品茶区、通风好的地方。因其使用频率高，标志应醒目，并注意清洁卫生。

4. 办公区域

一般设在靠近门口、便于观察整体品茶环境的位置，有利于掌握茶馆整体状况。

模块4 茶艺服务设备及用品

一、服务设备及用品配置

1.固定设备			
空调		储存茶叶的保鲜柜	
消毒柜		饮水机	

茶车		茶具	
电视机		音响	
乐器		字画	
工艺品		家具	

消防器材	 		
2.销售物品			
茶叶		茶具	
工艺品		专业书籍	
3.库房用品			

备用茶具
日常用品
单据
备用茶叶

二、服务设备的维护与保养

1. 设备维护制度

（1）设立库房管理专业人员。

（2）制定每班专人负责制。

（3）制定固定商品陈列基数表，每个班次进行交接。

（4）建立库房固定设备、物品登记制度。

（5）完善物品申领程序。

（6）建立正确储藏茶叶说明条例。

（7）制订防虫、防潮、防物品变质的具体措施。

（8）建立店内设施、用具定期检查制度，发现问题及时处理。

（9）人为损坏物品的，应有相应的处理办法。

（10）拟订各种电器及物品的正确使用方法。

（11）定期做好清洁卫生工作。

2. 固定设备保养

（1）空调：掌握正确的使用方法，定期清洗，检查氟的使用情况，及时关闭电源。落实到每个员工。

（2）储存茶叶的保鲜柜。定期清洗，掌握正确的使用方法，温度设置正确。做好交接班工作。

（3）茶车：每日清洁擦拭。

（4）消毒柜：掌握正确的使用方法，对不同物品设置不同的消毒时间。定期清洁消毒柜。

（5）饮水机：定期清洗饮水机。及时更换饮水桶，防止饮水桶内用水用完时损坏机器。非营业时间及无客人时，可关闭开关，防止水反复烧开，影响品茶时的滋味。

（6）乐器：茶艺业最常用的乐器为古筝，应定期由专业人员保养、调音，非专业人员不得使用。

（7）工艺品：定期擦拭，放入专柜不宜被碰到、又不影响美观的地方。

（8）电视机、音响：掌握电器使用常识，防止短路。定期擦拭干净。

（9）消防器材：掌握正确的使用方法，放在合理的位置，注意防潮，定期检查能否正常使用。

（10）家具：列入每日清洁保养计划。

（11）字画：定期掸尘，防止受潮。如遇烟渍熏制变黄，应进行专业保养。

3. 销售物品保养

（1）茶叶：见模块6的相关内容。

（2）茶具：保持光亮清洁，注意在保养过程中轻拿轻放，避免损坏。

（3）工艺品：设立专柜，注意清洁。

（4）茶专业书籍：定期整理，防止受潮。

4. 库房用品保养

备用茶具

（1）定期清点基数。

（2）建立出入库登记本。

（3）保证茶具整洁、无损坏。

日常用品

（1）定期检查清点。

（2）建立出入库登记制度。

（3）检查消毒剂等用品是否过期，如过期，应及时更换。

各种单据

（1）根据不同种类分开放置。

（2）建立固定物品登记制度。

（3）发现单据不全的，要及时补齐。

备用茶叶

（1）按茶叶的不同种类分开放置。

（2）建立固定基数登记制度，每日清点检查。如有过期或短缺，要及时更换、补充。

模块5　茶具简介

什么茶配用什么茶具更能烘托品茶的气氛，什么茶配用什么茶具才能把茶香发挥到极致……这里面学问很大。下面我们就带着这些问题开始本模块的学习吧！

一、茶具分类

按质地，茶具可分为陶土茶具，瓷器茶具、玻璃茶具，漆器茶具、竹木茶具等几大类。

1. 瓷器茶具

瓷器的发明和使用稍迟于陶器。如果说，陶器茶具是宜兴紫砂一花独放，那么，瓷器茶具则是白瓷、青瓷和黑瓷三足鼎立。

（1）青瓷茶具：青瓷茶具始产于晋代，主产地为浙江。浙江龙泉哥窑所产翠玉般的青瓷茶具胎薄质坚，釉层饱满，色泽静穆，雅丽大方，如清水芙蓉逗人怜爱，被后代茶人誉为"瓷器之花"。弟窑生产的瓷器造型优美，胎骨厚实，釉色青翠，光润纯洁，其中粉青茶具酷似玉，梅子青茶具宛如翡翠，都是难得的瑰宝。

（2）黑瓷茶具：黑瓷茶具流行于宋代。在宋代，茶色贵白，所以宜用黑瓷茶具陪衬。黑瓷以建安窑（今在福建省建阳市）所产的最为著名。如兔毫盏，釉底色黑亮而纹如兔毫，黑底与白毫相映成趣，加上造型古雅，特别为日本茶人所推崇。

（3）白瓷茶具：白瓷早在唐代就有"假玉器"之称，北宋以后，江西景德镇因生产的瓷器质地光润，白里泛青，雅致悦目而异军突起，技压群雄，逐步发展成为中国瓷都。元代景德镇始创青花瓷茶具。明、清两代白瓷茶具的制造工艺水平达到了一个高峰。所产的瓷器以"白如玉，薄如纸，明如境，声如磬"而著称于世。

2.陶土茶具

陶土茶具是新石器时代的重要发明，最初是粗糙的土陶，逐渐演变成比较坚实的硬陶和彩釉陶。

陶器中的佼佼者首推宜兴紫砂茶具。紫砂茶具创始于宋，明代以后大为流行，成为各种茶具中最惹人珍爱的瑰宝。紫砂壶其造型美观大方，质地淳朴古雅，泡茶时不烫手，且能蓄香，是上等的茶具。

3. 漆器茶具

　　漆器茶具始于清代，主要产于福建福州，故称为"双福"茶具。福建生产的漆器茶具多姿多彩，有"宝砂闪光""金丝玛瑙""釉变金丝""仿古瓷""赤金砂"等名贵品种。

4. 竹木茶具

　　竹木质地朴素无华且不导热，用作茶具有保温不烫手等优点。另外，竹木还有天然纹理，做出的茶具别具一格，很耐观赏。目前，主要用竹木制作茶盘、茶池、茶道具、茶叶罐等，也有少数地区用竹茶碗饮茶。

5. 玻璃茶具

玻璃茶具是茶具中的后起之秀：玻璃质地透明、可塑性大，制成各种茶具晶莹剔透、光彩夺目、时代感强且价廉物美，深受消费者的欢迎。

6. 其他茶具

除了上述常见茶具外，还有用玉石、水晶、玛瑙以及用各种珍稀原料制成的茶具。例如在台湾，木纹石、黑石胆、龟甲石、尼山石、端石的石茶壶很受欢迎，但这些茶具一般用于观赏和收藏，在实际泡茶时很少使用。

二、茶壶的构造

壶身：壶身指壶的身体，包含壶肩和壶底，主要用于储水。壶身的凸出部分称为腹，腹的下面称为底，在腹下、底上有圈足，因为绕壶底一圈，作为壶的立足，所以叫圈足。

流：流指茶从壶身流出来的部分，包括流的尖端开口处称为嘴的部分和流在壶身里面作为茶汤的进口处称为孔的部分。孔因制造方法不同分为单孔、网孔和蜂巢三种。

口：在壶肩的上面有个开口作为置茶及冲水的地方。

盖：盖在口上为密合之用，包括盖的上面作为打开盖子的称为纽的关键部分，及在纽上的气孔。气孔是倒茶时调和内外压力的。在盖的下方有一突出的部分为盖与口接合所用，称为墙的部分。

提：壶身的把手称为提，为举壶倒茶时所用。

气孔
纽
嘴
口
盖
肩
提
流
腹
圈足
身
底

三、茶与壶的搭配

泡茶用壶一般有陶壶、瓷壶等。茶叶的特性不同，所搭配的茶壶的硬度也不同。

所谓壶的硬度，是指器皿烧结的温度。烧结的温度越高，壶的硬度越大。不管是陶器、瓷器，烧结温度必须在1100℃以上，才能安全使用。

一般来说，玻璃比瓷器硬度大，瓷器比陶器硬度大。

重香气的茶叶应选配硬度较大的壶。重香气的茶叶，要选择硬度较大的壶，绿茶类、轻发酵的包种茶类是比较重香气的茶，如龙井、碧螺春、文山包种茶、香片及其他嫩芽茶叶等，都适合选用硬度较大的壶，如瓷壶、玻璃壶。

重滋味的茶叶应选配硬度较小的壶。重滋味的茶叶，要选择硬度较小的壶来泡。乌龙茶类是比较重滋味的茶叶，如铁观音茶、水仙、单丛等。其他如外形紧结、枝叶粗老的茶以及普洱茶等，都应选择陶壶、紫砂壶来冲泡。

四、茶壶的选购

1. 选购总原则

选购茶壶首先要明确购壶的目的，是为收藏用、鉴赏用还是为了实用。一般品茗场所应备有各种用途的茶壶，如备2~4人或4~6人的实用壶，用来冲泡茶水；备外形美观、奇特的观赏壶，供客人观赏，营造店内的文化氛围；备具有一定的纪念意义的收藏壶，既可供客人观赏，又能保值升值。

2. 购壶六要诀

第一，壶嘴、壶口、壶把扣放时是否在同一直线上。

第二，壶身、壶盖是否是同一组件。

第三，出水是否呈水柱状。

第四，用手堵住壶盖上的气孔，水是否外流。

第五，嗅闻壶内有无异味。

第六，拿在手中是否舒适。

五、紫砂壶的保养

（1）买来新壶，应先用温水冲洗。

（2）在干净无异味的器皿中倒入清水，放入茶叶，将壶用温火煮40分钟。

（3）放置浸泡8小时。

（4）将壶取出。

（5）用温开水将壶内外冲洗干净。

（6）用茶汤冲洗壶身。

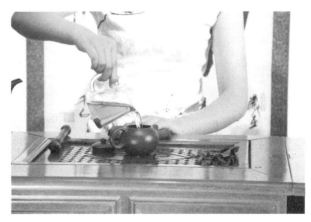

（7）也可用养护刷蘸茶汤擦拭壶身。

（8）然后用泡过的茶叶反复揉搓壶身。

（9）再用温开水将壶身内外冲洗干净。

（10）将壶倒放，备用。

（11）平时可用软布擦拭保养。

（12）也可拿在手中把玩，但手一定要干净、无异味。

（13）专壶专用，如泡铁观音茶的壶绝不能用来泡桂花乌龙茶。

（14）养护过程中认真、用心，才能养护出一把好壶。

六、茶具简介

1. 主泡器

泡茶用具主要有壶、盅、杯、盘等。

茶壶：用来泡茶的器皿，多以陶制、瓷制为主。

提梁壶　　　　　　　　　　　后提壶

茶船：又称水方，用来盛载茶具或不喝的水。多以木制、陶制为主。在日常服务过程中，常选用茶船作为泡茶用具，进行茶艺表演时则选用茶车。

茶海：又名公道杯，也称茶盅。用来盛放泡好的茶汤，起到中和茶汤的作用。多以陶制、瓷制为主。

茶杯：用来盛放泡好的茶汤。以陶制、瓷制、玻璃制品为常见。茶杯的种类颇多，各具特色。杯子上面最好上釉，以白色或浅色最好，最能看到茶汤的汤色。

盖碗：又称盖杯，分盖、杯身、杯托三部分。杯为反边敞口的瓷碗，以江西景德镇出产的最为著名。主要用来泡茶，以瓷制最为常见。

2. 辅助用具

茶则：把茶叶从盛茶用具中取出的工具，多用来盛放乌龙茶中的球形、半球形茶。多选用木、竹、陶制。

茶匙：辅助茶则将茶叶拨入泡茶器中。多为木、竹制品。

茶夹：相当于手的延伸工具，用于夹取闻香杯、品茗杯，清洗茶杯，将茶渣从泡茶器皿中取出。

茶针：用于疏通壶嘴或撇去茶汤的浮沫。

茶漏：扩大壶口的面积，防止茶叶外漏。

茶荷：将茶叶从茶叶罐中取出放在茶荷中以供观赏，便于闻干茶的香气。多选用瓷、陶制品。

茶巾：擦拭茶具上的水痕以及滴落在茶桌上的水痕。

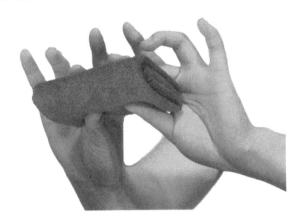

杯垫：主要用于盛放闻香品茶的杯子。多以竹、木、瓷、陶制品为主。

煮水器：也称随手泡，主要用于烧水和盛放泡茶用水，多为电煮水器。

茶叶罐：主要用于盛装茶叶，便于存放保香。以纸、陶、锡、铁、不锈钢制品为主。

3. 茶具的保养

（1）茶杯、公道杯、茶垫可直接用温水清洗，洗干净后放入沸水中进行消毒。

（2）瓷制茶具可直接用洗涤剂清洗，无异味后，放入消毒柜中消毒，备用。

（3）茶船用后清洗干净，擦干，备用。

（4）茶巾定期清洗，晾干，备用，不能有异味。

（5）茶艺组合用后清洗，擦干即可，不能有异味。

（6）随手泡保持外部光亮、清洁；掌握正确的使用方法，切勿烧制碱性大的水。

模块6 茶的基本知识

俗语称："开门七件事，柴，米，油，盐，酱，醋，茶"。茶在人们的日常生活中起着十分重要的作用。茶最初是作为药用，以未加工的生叶煎服或烤饮，味道虽然苦涩，但香气馥郁，而且具有消除疲劳的功效。后来，饮茶逐渐成为人们生活的一部分。

"茶"，原写作"荼"，公元765年，陆羽在《茶经》中提出将荼字去掉一横改为茶，茗作为了茶的雅称。

人在草木间，组成一个"茶"字。"茶"字由三部分组成：草字头，说明茶树的芽叶部分；人字，说明茶树枝叶繁茂的冠状部分；木字，说明茶树是木本植物。

民间的解释是："艹"与"廿"相表，代表20；"人"字与"八"相像，代表8；"木"字分解成十八，代表18，三者相加等于108，寓意常喝茶能长寿。

一、茶树

1. 茶树的起源

中国是茶树的原产地，我国的西南地区，包括云南、贵州、四川，是茶树原产地的中心。

有文字记载的茶树历史已有3000多年。按植物分类学方法来追根溯源，经一系列分析研究，茶树起源至今已有6000万年至7000万年历史了。

2. 茶树的传播

茶叶的发现、种植、利用，在中国经过了几千年的时间，茶的知识、文化也作为中国特有的文化而风靡全球，如今，茶叶已经从一种民间饮品变成了一种产业，一种商品，一种文化。茶叶贸易不仅吸引了世界商人，更是打开了中国的大门，成为中国与世界交流的桥梁。

茶树在中国的传播

茶树是中国南方的一种"嘉木"，所以，中国的茶业，最初孕育、发生和发展于南方，并从四川首先传入当时中国的政治文化中心陕西、甘肃一带。

秦汉以后，茶树由四川传到长江中下游一带。

到了唐、宋时期，茶叶产区遍及中国的14个省区，几乎与近代茶区相当，达到了有史以来的兴盛阶段。

茶种向国外传播

公元6世纪下半叶，随着中外佛教界僧侣的相互往来，茶叶首先传入朝鲜半岛。

日本种植茶树，是在唐代中叶（公元805年）。日本僧人最澄和尚来中国浙江天台山学佛，回国时携带茶籽种于日本滋贺县，这是中国茶种传向国外的最早记载。

1731年，茶叶生产在印度尼西亚开始发展起来。

1834年以后，英国资本家开始从中国引入茶籽，雇用熟练工人，在印度大规模发展茶叶种植业。

19世纪50年代，英国利用其殖民政策，开始在非洲种茶。

1833年，苏联由中国引入茶苗并在黑海东部种植。

3. 茶树的种类

茶树主要由根、茎、叶、花、果实与种子组成。茶树的地上部分在无人为控制修剪等情况下，因分枝性状的差异，分为乔木型、半乔木型和灌木型三种。

（1）乔木茶树：有明显的主干，分枝部位高，通常树高3~5米以上。

（2）灌木茶树：没有明显主干，分枝较密，多近地面处，树冠矮小，通常为1米以下。

（3）半乔木茶树：在树高和分枝上介于灌木型茶树与乔木型茶树之间，通常高为1.5米左右。

目前，人工栽培的茶园，可通过科学培养植株和树冠，运用修剪和采摘技术，培育出健壮均匀的茶树骨干，以扩大分枝的密度和树冠的幅度，增加采摘面，有效地提高了产量和质量，方便了采摘和管理。

4. 茶树的生长环境

茶树在生长过程中不断地和周围环境进行物质和能量的交换，既受环境制约，又影响周围环境。因此，合理地选择自然环境和进行适当的人工调整，是保证茶树质量和保持周围环境的关键。

（1）气候：茶树性喜温暖、湿润，在南纬45度与北纬38度间都可以种植，最适宜的生长温度在18℃~25℃之间的区域。不同茶树品种对于温度的适应性有所不同，一般来讲，小叶种的茶树，抗寒性与抗旱性均比大叶种强。

茶树生长需要年降水量在1500毫米左右，且分布均匀，朝晚有雾。相对湿度保持在85%左右的地区，较有利于茶芽发育及茶青品质。若长期干旱或湿度过高，均不适于茶树的经济栽培。

（2）日照：茶作为叶用作物，极需要日光。日照时间长、光度强时，茶树生长迅速，发育健全，不易罹患病虫害，且叶中多酚类化合物含量增加，适于制造红茶。反之，茶叶受日光照射少，则茶质薄，不易硬化，叶色富有光泽，叶绿质细，多酚类化合物少，适制绿茶。光带中的紫外线对于提高茶汤的水色及香气有一定影响。高山所受辐射的紫外线较平地多，且气温低，霜日多，生长期短，所以高山茶树矮小，叶片亦小，茸毛发达，叶片中含氮化合物和芳香物质增加，故高山茶香气优于平地茶。

（3）土壤：茶树适宜在土质疏松、土层深厚、排水、透气良好的微酸性土壤中生长。茶树在不同种类的土壤中都可生长，但以酸碱度（pH）值在4.5~5.5为最佳。

茶树生长要求土层深厚，最好有1米以上，其根系才能发育和发展，若有黏土层、硬盘层或地下水位高，都不适宜种茶。土壤中石砾含量不要超过10%，含有丰富的有机质是较理想的茶园土壤。

5. 茶叶的采摘

茶叶产量的高低、品质的优劣，一定程度上是由采摘质量决定的。合理、科学地采摘，是茶叶生产的重要环节。

（1）人工采茶：这是传统的茶树采摘方法。采茶时，要提手采、分朵采，切忌一把捋。这种采摘方法，它的最大优点是标准划一，容易掌握；选择性较大，叶片也较完整；缺点是费工、成本高，难以做到及时采摘。目前，细嫩名优茶的采摘标准高，还不能实行机械采茶，仍沿用手工采茶法。

（2）机械采摘：机械采茶目前多采用双人抬机往返切割式采茶法。如果操作熟练，管理跟上，机械采茶对茶树生长发育和茶叶产量、质量并无影响，而且还能减少采茶劳动力，降低生产成本，提高经济效益。因此，近年来，机械采茶愈来愈受到茶农的青睐，机采茶园的面积一年比一年扩大。

二、茶文化发展史

茶最初是作为药用，是以未加工的生叶煎服或烤饮，它的味道虽然苦涩，但香气馥郁，而且具有消除疲劳的功效，从我国西南地区的一些少数民族的文献来看，那里的部落很早就把茶叶作为饮食了。经过一千多年的漫长岁月，至西汉时代，饮茶的传播地区才逐渐广阔。

汉代时期，我国广大地区把茶叶作为比较珍贵的饮料。

魏晋南北朝，产茶渐多，传播日广，关于饮茶的记载日益增多，例如《晋中兴书》就记载了吴兴太守陆纳，生活俭朴，以茶果待客的故事。茶与食相关甚连，由此可见。南北朝时，佛教盛行，提倡坐禅，饮茶可提神醒脑，振奋精神，有利于清心修行。于是寺必有茶，教必有茶，禅必有茶。特别是在南方寺庙，几乎出现了庙庙种茶，无僧不茶的嗜茶风尚。佛教认为，茶有三德，即"坐禅时通夜不眠，满腹时帮助消化，茶且不发"有助佛规，这也许就是佛教倡茶的缘由吧。隋朝因隋文帝喜爱喝茶，阿谀奉承、投其所好的人士很多，社会上饮茶的风气也大为盛行，茶逐渐成为人们日常生活中不可或缺的饮品。

唐朝一统天下后，随着茶叶的"比屋皆饮"，茶在制作工艺上开始得到改进完善。到陆羽作《茶经》，他根据饼茶的外形色泽，将饼茶分为八等，可见当时的饼茶制作已十分讲究。那时候，除饼茶外，还有粗茶、散茶、末茶等，后三者是在饼茶加工过程中筛选分离出来的，大部分的散茶都是名茶。散茶是一种蒸青后不捣碎、不拍饼，用烘干的办法制成的散叶茶，在唐宋时已很多。另外，这时的蒸青、炒青技术也已成熟。关于饼茶、粗茶、散茶、末茶等在陆羽的《茶经》中都已经提到，不过，当时以饼茶最为珍贵。唐代以后，制茶技术得到不断发展和改进。唐宋年间，随着宫廷需要的增大，进奉贡茶已成为一种风尚。贡茶的兴起，为茶的制作及发展提供了更好的条件。

宋代的制茶方法与唐代基本相似。宋代的茶类中，片茶、散茶已十分丰富。片茶，实际上就是唐代的饼茶，不过因为宋代制茶技术更为先进，制成的饼茶小巧玲珑，饼面图文并茂。尤其是贡茶的饼面，呈龙凤图样，观之栩栩如生，这种茶称之为龙凤茶，被宋徽宗赞许为"龙凤团饼，名冠天下"。当时，还出现了一种小龙团，这种小龙团可以说是龙凤茶中的精品。一斤重的小龙团，可值黄金二两，正如当时的文学家欧阳修所说，黄金易有，但茶不可多得，可见这种小龙团茶的可贵。唐代和宋代都以制作团饼茶为主，但是发展到后来，团饼茶的制作呈过分精细的趋向。宋代之后，散茶代替饼茶，在茶叶的制作中占据了主要地位。

到了明代，茶农逐渐意识到团饼茶耗时费力，而且浸水榨汁后有损茶叶的色泽香味。因此，改蒸青团茶为蒸青散茶。这一举动特别受到明太祖朱元璋的赏识，一道朝廷诏令，使蒸青散茶代替蒸青团茶大为盛行起来。杀青技术由蒸汽改为烘青、炒青。同时，绿茶、黄茶、黑茶、白茶、红茶这些基本茶类已经出现。

到了清代，乌龙茶的出现，与以上五大茶类一起，构成了我们今天所饮用的六大基本茶类。

从茶叶的发展史不难看出，从古至今，茶与食息息相关。在茶发展鼎盛时期的宋朝，孟元老的《东京梦华录》里就记载着当时尤其是以京城、交通要道及大城市为多，茶馆，茶坊遍及集市，在这里既可以品茗聊天，又可以品尝佳肴，更有一些饭店索性也以茶店来命名，如"分茶店""分茶酒肆"等。这些店的店面都比较大，除供应茶外，每天都有规定的酒食供应。在当时，人们还习惯于把饮食的内容称为茶饭、茶果等。

到了清代，饮茶之风遍及全国，尤其是在北京，茶馆成为达官贵族、八旗子弟消遣的好去处。清朝时的北京茶馆大致有三类：一种是只饮茶不供饭的清茶馆；一种是类似广东茶楼的茶馆，属于条件较好的，一般都是备以精美的饭菜；还有一种就是野茶馆，通常就是树下搭一凉棚，土台土凳粗茶碗，备有很简单的饭食，也就是些馒头、包子之类的，非常简陋。

而在南方的一些大城市，茶饭兼备的餐饮场所更是比比皆是，如广州的二厘馆，提供的是普通级别的茶叶和物美价廉的点心，专为普通的劳动者所设，每每到了下午，人们来到这里，喝上一杯茶，吃上一碟点心，缓解饥渴，振奋精神。又如江苏的茶肆，临水而建，风光怡然，茶肆内备有龙井、毛尖等各色名茶，并有春卷、烧卖、酥油饼、水晶糕等做工精美的点心供客人随意享用。

如今，在那一盏香茶旁不再仅仅是几碟可口的点心，而是苏、鲁、川、粤各地美食齐聚一堂，或是清香淡雅的绿茶，或是回味浑厚的乌龙茶，或是芬芳四溢的花茶，与中华美食相得益彰，在中国的饮食文化上大放异彩！

茶在中国的应用过程，若用人的"生命历程"作比喻的话，可以分为三个相承启的阶段：药用、食用和饮用。药用为其开始之门，食用次之，饮用则为最后发展阶段，但茶文化却是因其而得以发扬光大。当然，三者之间有先后承启的关系，但是三者又不可能进行绝对划分，现在主要是以品饮为主，但同时又有茶之药用和食用。在我国茶用早期，很难对药用和食用进行明确划分，古人有"药食同源"之说，可见，茶的药用阶段与食用阶段是交织在一起的，只不过相对而言，人们最早认识的还是茶的药用价值而已，因而切不可将三者完全孤立开来看。

（1）药用：在我国，饮茶之始，是"食饮同宗"。我们祖先仅把茶叶当作药物，他们从野生大茶树上砍下枝条，采集嫩梢，先是生嚼，后是加水煮成羹汤，供人饮用。传说早在四五千年前的神农时代，就有"神农尝百草，日遇七十二毒，得茶而解之"的说法。神农氏是中国上古时代一位被神化了的人物形象，与伏羲氏、燧人氏并称为三皇。传说他不仅是中国农业、医药和其他许多事物的发明者，也是中国茶叶利用的创始人。神农氏不仅教老百姓农业知识，还教会老百姓识别可食用的植物和药物。神农氏采摘草木的果实，尝其汁液，中毒70多次，都是用"茶"解的毒。可以说，是神农氏最早认识了茶，并以茶为药，发现了茶的药用功能。

（2）食用：食用茶叶，就是把茶叶作为食物充饥，或是做菜吃。早期的茶，除了作为药物之外，很大程度上还是作为食物用品而出现的。这在前人的许多著述中都有记载。流传至今的，除了品饮之外，还有一些原始形态的茶食仍为现代人所享用，例如食用擂茶。擂茶是用生姜、生米、生茶叶（鲜茶叶）做成，故又名"三生汤"。

（3）饮用：饮用，就是把茶作为饮料，或是解渴，或是提神。

模块7　中国十大茶类及其特点

一、绿茶

绿茶为我国产量最大的茶类，属于不发酵茶（发酵度为0%），产区分布于各产茶省、市、自治区，其中以浙江、安徽、四川三省产量最高，质量最优，是我国绿茶生产的主要基地。在国际市场上，我国绿茶占国际贸易量的70%以上，远销北非、西非各国及法、美、阿富汗等50多个国家和地区。绿茶又是生产花茶的主要原料。

（一）加工工艺

杀青：用炒、烘、蒸、晒（多以炒、烘为主）等高温处理方法，将茶叶中的氧细胞杀死，使茶叶的色、香、味稳定下来。

揉捻：将茶叶中的叶细胞揉碎，使茶汁覆在茶叶的表面，改变茶叶的形状。

干燥：通过炒干、烘干、晒干（多以炒干、烘干为主）等方法，使茶叶里的水分只剩下含量的3%~5%，便于茶叶的保存。

（二）绿茶的特点

采　　摘：为嫩芽嫩叶。

颜　　色：干茶以绿色为主（根据环境、地理位置的不同，茶叶的颜色有不同的变化）。如有的茶为翠绿色、黄绿色、碧绿色、墨绿色。

龙井干茶

汤　　色：以绿色为主黄色为辅。

香　　气：清新的绿豆香、菜香。根据品种的不同，茶叶的香气也有所不同。

滋　　味：滋味淡微苦。绿茶内质的各种成分完全属凉性茶。

营养成分：含有丰富的叶绿素、维生素C、茶碱、茶多酚、氨基酸等多种物质。

适合人群：年轻人、电脑工作人员、吸烟饮酒的人。

（三）　绿茶的种类

由于在做茶时揉捻的方法不同，绿茶的成品茶形便有了长条形、圆珠形、针形、螺形等。因杀青方法不同，绿茶又有炒青、烘青、蒸青、晒青等。

1. 炒青

又分为长炒青、圆炒青、扁炒青等。因制茶方法不同，炒青绿茶又有特种炒青绿茶，为了保持叶形完整，最后要烘干。其茶品有洞庭碧螺春、南京雨花茶、信阳毛尖、庐山云雾等。扁形，如龙井、竹叶青等；卷曲形，如碧螺春、都匀毛尖等；针形，如信阳毛尖、安化松针、南京雨花茶等；圆形，如涌溪火青；芽形，如黄山毛峰；片形，如六安瓜片。

扁形的竹叶青　　卷曲形的碧螺春

针形的信阳毛尖

芽形的黄山毛峰

片形的六安瓜片

2. 烘青绿茶

是用烘笼进行烘干的。烘青毛茶经再加工精制后大部分作熏制花茶的茶坯，香气一般不及炒青高，少数烘青名茶品质特优。以其外形亦可分为条形茶、尖形茶、片形茶、针形茶等。条形烘青，全国主要产茶区都有生产；尖形、片形茶主要产于安徽、浙江等省市。其中，特种烘青主要有黄山毛峰、太平猴魁、六安瓜片。

3. 晒青绿茶

是用日光进行晒干的。主要分布在湖南、湖北、广东、广西、四川，云南、贵州等省有少量生产。晒青绿茶以云南大叶种的品质最好，称为"滇青"，其他如川青、黔青、桂青、鄂青等品质各有千秋，但不及滇青。

4. 蒸青绿茶

以蒸汽杀青是我国古代的杀青方法，唐朝时传至日本，相沿至今，自明代起改为锅炒杀青。蒸青是利用蒸汽量来破坏鲜叶中酶的活性，形成干茶色泽深绿、茶汤浅绿和茶底青绿的"三绿"的品质特征，但香气较闷带青气，涩味也较重，不及锅炒杀青那样鲜爽。由于对外贸易的需要，我国从20世纪80年代中期以来，也生产少量蒸青绿茶。主要品种有恩施玉露，产于湖北恩施；中国煎茶，产于浙江、福建和安徽三省。

小常识

新旧绿茶的鉴别

茶的品质差别较大，可根据外观和泡出的茶汤、叶底进行鉴别。新茶的外观色泽鲜绿、有光泽，闻有浓味茶香；泡出的茶汤色泽碧绿，有清香、兰花香、熟板栗香等味，滋味甘醇爽口；叶底鲜绿明亮。

色泽鲜绿、有光泽

茶汤色泽碧绿

叶底鲜绿明亮

陈茶的外观色黄暗晦，无光泽，香气低沉，如对茶叶用口吹热气，湿润的地方叶色黄且干涩，闻有冷感；泡出的茶汤色泽深黄，味虽醇厚但不爽口；叶底陈黄欠明亮。

小贴示

何为明前茶？为什么明前茶价格高？

在中国的24节气中，3月5日左右是惊蛰，3月20日左右是春分，4月5日左右是清明，4月20日左右是谷雨，5月5日左右是立夏。我国的农业生产，也主要以节气为指导，茶叶生产也是一样，茶芽往往在惊蛰和春分时开始萌芽，清明前就可采茶、制作，称之为明前绿茶。

明前茶由于芽叶细嫩，香气物质和滋味物质含量丰富，氨基酸和维生素C含量高，因此品质非常好。但由于清明前气温普遍较低，发芽数量有限，生长速度较慢，能达到采摘标准的产量很少，物以稀为贵，明前茶就更显珍贵了。

二、红茶

红茶属于完全发酵茶（发酵度为100%），其鲜叶质量的优次直接关系到制成红茶的品质。红茶有工夫红茶和红碎茶之分，但对鲜叶质量的要求一致。

生产红茶首先要有适制红茶的品种，如云南大叶种，叶质柔软肥厚，茶多酚类化合物等化学成分含量较高，制成红茶品质特别优良。福建政和、福鼎大白茶、储叶种、海南大叶、广东英红一号以及江西宁州种等都是适制红茶的好品种。红茶的鲜叶品质由鲜叶的嫩度、匀度、净度、鲜度四方面决定的。

（一）加工工艺

萎　凋：红茶采用日光萎凋，让茶青失去一部分水分。

揉　捻：将茶叶中的叶细胞揉死，揉捻成条状。

发　酵：让茶叶充分和氧气接触，产生氧化反映。

干　燥：烘干，使水分消失，达到干燥的目的，有利于茶叶的保存。

（二）红茶的特点

采　　摘：大叶、中叶、小叶都可以制作。

颜　　色：干茶暗红色，主要以条状和颗粒壮为主。

汤　　色：红艳明亮。

香　　气：甜香、焦糖香，入口醇厚、略带涩味。

营养成分：因完全发酵，红茶在加工过程中发生了以茶多酚促氧化为中心的化学反应，鲜叶中的化学成分变化较大，茶多酚减少90%以上，产生了茶黄素、茶红素等新的成分，以红茶刺激性小，属温和性的茶。

2002年5月13日，美国医师协会发表对男性497人、女性540人10年以上调查报告，发现饮用红茶的人骨骼强壮，红茶中的多酚类（绿茶中也有）有抑制破坏骨细胞物质的活力。各种食品含多酚类的量如下：红茶—17.4，绿茶—

12.0，红葡萄酒—9.6，鲜橘子汁—0.8。

又有实验指出，饮用红茶1小时后，测得经心脏的血管血流速度改善，证实红茶有较强的防治心梗效用。

健康保健：红茶可以促进胃肠消化、增进食欲，利尿、消水肿，强壮心肌。红茶的抗菌力强，用红茶漱口可防滤过性病毒引起的感冒，并预防蛀牙与食物中毒，降低血糖值与高血压。适合经期女性、孕期女性、更年期女性、胃不好的人、心脏不好的人、失眠的人。

（三）红茶的分类

红茶分为小种红茶、工夫红茶及红碎茶三大类，每类下面又细分为若干类。

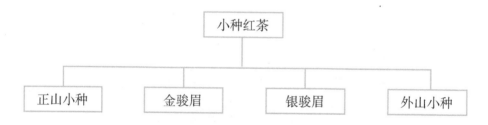

小种红茶产于我国福建，因产地和品质不同，小种红茶又有正山小种和外山小种之分。

1. 正山小种红茶

正山小种红茶是世界红茶的鼻祖，创制于明末清初。标准的正山小种红茶产自武夷山市桐木关乡及周边海拔600~1200米、方圆600平方千米的原产地域内，以当地传统的菜茶群体品种茶树的一芽3、4叶为原料，经传统的萎凋、揉切、发酵、熏焙等工艺制作而成。成品茶外形条索肥壮，紧结圆直，不带芽毫，色泽乌黑油润，松香气芬芳浓烈，汤色橙红明亮，滋味醇厚回甘，叶底褐润细碎，独具松烟香、桂圆汤、蜜枣味的高山风韵。

2. 金骏眉

金骏眉是福建武夷山于2005年新创制的一种精品红茶。它精选武夷菜茶的细嫩单芽为原料，成品茶外形紧细油润，色泽金黄黑相间，绒毫显；复合型花果香及桂圆干香、高山韵香浓烈持久；汤色金黄璀璨，浓稠挂杯；滋味醇厚，甘甜爽滑，入口即化，回味持久；叶底呈古铜色针状，匀整隽秀挺拔。金骏眉是一款即可闻香品味、又可观形赏色的好茶。

正山小种干茶

金骏眉干茶

正山小种茶汤

金骏眉茶汤

正山小种叶底

金骏眉叶底

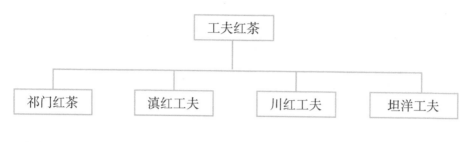

1. 祁门红茶

祁门红茶产于安徽省西南部黄山支脉区的祁门县一带，是我国乃至世界上著名的高香工夫红茶。祁门境内海拔600米左右的山地占九成以上，气候湿润，雨量充沛，早晚温差大，非常适合茶树的生长。祁门红茶的采制多在春夏两季，只采鲜嫩茶芽的一芽二叶。

2. 滇红工夫

滇红工夫创制于1939年，主产区位于滇西南澜沧江以西，怒江以东的高山峡谷地区，包括凤庆、临沧、勐海、云县等地。它采用云南大叶种茶树的一芽一二叶为原料，经传统工夫红茶制法精制而成。成品茶芽叶紧直肥硕，金毫多而显露，苗锋完整，色泽油润，香气甜浓持久，汤色红艳明亮，滋味浓厚鲜爽，略有刺激感而回甘生津，叶底红匀明亮。

3. 川红工夫

四川省是我国茶树发源地之一，川红工夫即诞生于这个地区，主产地为宜宾、筠连、高县、珙县等地。川红工夫是我国20世纪50年代创制的工夫红茶，以"早、嫩、快、好"著称，多年来畅销苏联、法国、英国、德国及罗马尼亚等国，并且在国际市场上的售价较高，堪称中国工夫红茶的后起之秀。川红工夫外形条索肥壮圆紧，显金毫，色泽乌黑油润，内质香气清鲜带蜜糖香，滋味甜润鲜爽，汤色红浓明亮，叶底厚软红匀。

4. 坦洋工夫

坦洋工夫是闽红工夫红茶系列的另一个著名品种，源于福安境内白云山麓的坦洋村，相传清朝咸丰、同治年间试制成功。坦洋工夫主要精选武夷菜茶的芽叶为原料，以工艺细致、成茶选择严格而著称。成品茶外形细长匀整，色泽乌黑有光，含有大量的金毫，香气清鲜甜和，茶汤橙红璀璨，口感纯柔，叶底红匀光滑。由于坦洋工夫的原料选择余地较大，所以较级别相近的白琳工夫而言，价格比较便宜。

祁门红茶干茶

滇红工夫干茶

川红工夫干茶

坦洋工夫干茶

祁门红茶茶汤

滇红工夫茶汤

川红工夫茶汤　　　　　　　　坦洋工夫红茶茶汤

祁门红茶叶底　　　　　　　　滇红工夫叶底

川红工夫叶底　　　　　　　　坦洋工夫红茶叶底

红碎茶　　⋯⋯▶　它是国际茶叶市场上的大宗茶品，是在红茶加工过程中，将条形茶切成段细的碎茶而成，故命名为红碎茶。

三、乌龙茶（青茶）

乌龙茶，亦称青茶，属半发酵茶（发酵度为10%~70%），是中国六大茶类中独具鲜明特色的茶叶品类。

（一）乌龙茶概况

乌龙茶是经过采摘、萎凋、摇青、杀青、揉捻、干燥等工序后制出的品质优异的茶类。乌龙茶由宋代贡茶龙团、凤饼演变而来，创制于1725年（清雍正年间）前后。品尝后齿颊留香，回味甘鲜。乌龙茶的药理作用，突出表现在分解脂肪、减肥健美等方面，在日本被称之为"美容茶"、"健美茶"。乌龙茶为中国特有的茶类，主要产于福建的闽北、闽南及广东、台湾。近年来，四川、湖南等省也有少量生产。乌龙茶除了内销广东、福建等省外，主要出口日本、东南亚和港澳地区。

乌龙茶综合了绿茶和红茶的制法，其品质介于绿茶和红茶之间，既有红茶的浓鲜，又有绿茶的清香，并有"绿叶红镶边"的美誉，品尝后齿颊留香，回味甘鲜。

（二）乌龙茶加工工艺

萎凋：采摘成熟的叶片，在阳光下进行晒青，才能形成乌龙茶特有的香气。通过太阳晒，将茶的青草气挥发掉，茶的清香气散发出来。

发酵：进行摇青、凉青的做青技术。乌龙茶底叶的绿叶红镶边就是通过做茶的摇青技术而来的。

杀青：将茶叶放入炒青锅内，用高温将茶叶软化，稳定茶叶形状。

揉捻：如为球形或半球形的茶，需加布包包起揉捻，条形茶则不需要。

干燥：将茶叶烘干，使水分消失，形成初制茶。

乌龙茶的由来

乌龙茶的产生，还有些传奇的色彩。据《福建之茶》、《福建茶叶民间传说》记载，清朝雍正年间，在福建省安溪县西坪乡南岩村里有一个茶农，也是打猎能手，姓苏名龙，因他长得黝黑健壮，乡亲们都叫他"乌龙"。一年春天，乌龙腰挂茶篓、身背猎枪上山采茶，采到中午，一头山獐突然从身边溜过，乌龙举枪射击，负伤的山獐拼命逃向山林中，乌龙紧追不舍， 终于捕获了猎物。当把山獐背到家时已是掌灯时分，乌龙和全家人忙于宰杀、品尝野味，已将制茶的事全然忘记了。翌日清晨，全家人才忙着炒制昨天采回的"茶青"。没想到，放置了一夜的鲜叶，已镶上了红边，并散发出阵阵清香，当茶叶制好时，滋味格外清香浓厚，全无往日的苦涩之味。后精心琢磨与反复试验，经过萎凋、摇青、杀青、揉捻等工序，终于制出了品质优异的茶类新品——乌龙茶。安溪也随即成了乌龙茶的著名茶乡了。

（三）乌龙茶的特点

采　　摘：成熟的对口叶，枝叶连理。

颜　　色：根据发酵程度不同，干茶的颜色分为青绿色、黄绿色、青褐色。

汤　　色：根据发酵程度不同，分为翠绿、蜜绿、金黄色。

香　　气：根据发酵程度不同，分为花香、果香、熟果香。

滋　　味：口齿留香、入口回甘带蜜味。

营养成分：

（1）生物碱：主要有咖啡碱、茶碱和可可碱。咖啡碱是一种强有力的中枢神经兴奋剂，可提高思维活动能力，消除睡意。

（2）茶多酚：茶多酚可降血脂、降血糖、抗氧化、防衰老、抗辐射、杀菌、消炎、抗癌。

（3）脂多糖：脂多糖能增强机体的非特异性免疫能力，防辐射，改善造血功能。

（四）乌龙茶的种类

1. 台湾乌龙茶

台湾乌龙茶产于中国台湾，条形卷曲，呈铜褐色，茶汤橙红，滋味纯正，天赋浓烈的果香。冲泡后叶底边红腹绿。南投县的冻顶乌龙茶（俗称"冻顶茶"）知名度极高而且最为名贵。

清朝咸丰年间，鹿谷林凤池赴福建应试，高中举人，还乡时，自武夷山带回36株青心乌龙茶苗，其中，12株由林三显种在麒麟潭边的冻顶山上，冻顶乌龙由此得名。

冻顶乌龙

东方美人茶是台湾独有的名茶，又名膨风茶，又因其茶芽白毫显著，又名为白毫乌龙茶，是半发酵青茶中，发酵程度最重的茶品，发酵度高达75%~85%。主要产地在台湾的新竹、苗栗一带。

东方美人

2. 闽南乌龙茶

铁观音是闽南乌龙茶的代名词，产于福建安溪县，是乌龙茶中的极品，为中国十大名茶之一。"铁观音"既是茶名，又是茶树品种名。此茶外形条索紧结，由于咖啡碱随着水分蒸发，在表面形成一层白霜，称作"砂绿起霜"。此茶经冲泡后，异香扑鼻，乘热细啜，满口生香，喉底回甘，称得上七泡有余香。

安溪铁观音

相传，安溪县松林头有个茶农，勤于种茶，又信佛。每天在观音佛像前敬奉一杯清茶，几十年如一日。有一天，他上山砍柴，在岩石隙间发现一株茶树，枝壮叶茂，芳香诱人，跟自己所见过的茶树不同，遂挖回精心培育，并采摘试制，其成茶沉重如铁，香味极佳，疑为观音所赐，即名"铁观音"。

何谓观音韵

品茶的韵味，主要是指茶汤入口及入喉的感觉，即味道的甘甜度、入喉的润滑度、回味的香甜度。好的铁观音，其气味带有兰花香，回味香甜，入口滑细，喝上三四道之后两腮会有想流口水的冲动。闭上嘴，用鼻出气，可以感觉到兰花香。

铁观音在每年的3月下旬萌芽，一年分四季采制，谷雨至立夏（4月中下旬~5月上旬）为春茶，夏至至小暑（6月中下旬~7月上旬）为夏茶，立秋至处暑（8月上旬~8月下旬）为暑茶，秋分至寒露（9月下旬~10月上旬）为秋茶。有个别地方由于气温较高，还可生产一季冬茶，冬茶颜色较青绿，滋味也较青，产量不多。

铁观音的制茶品质以春茶为最好，秋茶次之。秋茶的香气特高，俗称秋香，但汤味较薄。夏暑茶品质较次。

采摘铁观音的鲜叶必须在其嫩梢形成驻芽、顶叶刚展开呈小开面或中开面时，采下两三叶。采时要做到"五不"，即不折断叶片，不折叠叶张，不碰碎叶尖，不带单片，不带鱼叶和老梗。生长地带不同，鲜叶品质便有所不同，以午青品质为最优。采摘和制作时，要将不同产区的茶树鲜叶分开保存，特别是早青、午青、晚青的鲜叶更要严格分开制造。

3. 闽北乌龙茶

闽北乌龙茶即武夷岩茶，其代表品种是大红袍等。

大红袍

（1）大红袍产地特点。大红袍产于福建闽北武夷山九龙窠高岩峭壁上，是中国乌龙茶中的"茶中之圣"，也是武夷名丛中极具特征的一个品种，它既有绿茶的清香，又有红茶的甘醇。武夷岩茶驰名中外，茶性和而不寒，久藏不坏，香久益清，味久益醇。

相传，明代有一赴考的书生，路过九龙窠，突然得病，借宿于一寺庙中。庙中的和尚取出茶叶，煮给书生饮用，书生饮用后很快就痊愈，并一举考中状元。书生感念和尚，回乡途中特赴庙中答谢和尚的活命之恩。和尚领状元到茶丛处，状元脱红袍披在茶丛之上，茶亦因之得名"大红袍"。

（2）大红袍采摘特点。鲜叶采摘标准为新梢芽叶发育成熟。注意:雨天不采和露水不干不采；不同品种、不同岩别、山阳山阴及干湿不同的茶青，不得混淆放置。

（3）大红袍成品茶特点：

形状：条形茶，茶叶条索紧结、壮实、匀整。

干茶：色泽青褐润亮。

汤色：金黄明亮。

香气：馥郁有兰花香，或桂花香，香高而持久。

滋味：醇厚，甘醇，"岩韵"明显。大红袍很耐冲泡，冲泡九次仍有原茶真味。

叶底：具有"绿叶红镶边"呈三分红七分绿的特点。叶面呈蛙皮状沙粒白点，俗称"蛤蟆背"。

大红袍茶汤

大红袍叶底

何谓岩韵

岩韵，是指生长在武夷山丹霞地貌内的乌龙茶优良品种，经武夷岩茶传统栽培制作工艺加工而形成的茶叶香气和滋味。"岩韵"是武夷岩茶独有的特征，"岩韵"的有无取决于茶树的生长环境，"岩韵"的强弱还受到茶树品种、栽培管理和制作工艺的影响。同等条件下，不同的茶树品种，岩韵强弱不同。

4.广东乌龙茶

广东乌龙茶，即凤凰茶。在广东省潮安县凤凰镇，国家历史文化名城潮州之北的凤凰山，其种茶历史悠久，品质优良，驰名中外，被国家命名为"中国乌龙茶（名茶）之乡"。凤凰茶因凤凰山而得名。凤凰茶既是传统名茶，又是历史名茶。

相传，凤凰山是畲族的发祥地，在隋、唐、宋时期，凡有畲族居住的地方，就有茶树，畲族与茶树结下不解之缘。

隋朝年间，因地震引起山火，凤凰山狗王寮（畲族始祖的居住地）一带的茶树被烧死，仅存乌岽山、待诏山等地仍有种植。随着部分畲族人向东迁徙，茶树被带到福建等地种植。

宋代时，凤凰山民发现了叶尖似鹤嘴的红茵茶树，烹制后饮用，觉得味道比较好，便开始试种。时逢宋帝被元兵追赶，南逃至潮州。于是，民间产生并流传开"宋帝路经乌岽山，口渴难忍，山民献红茵茶汤，饮后，称赞是好茶"的故事。至今，乌岽村还留有宋、元、明、清各代树龄达200~700年的茶树3700余棵。据说此为制造凤凰水仙的茶树原种。更有神化了的"凤凰鸟闻知宋帝等人口渴，口衔茶枝赐茶"的传说，因此，"鸟嘴茶"的名称在民间便渐渐地叫开来。

传说归传说，事实上，南宋时期，凤凰山民已在房前屋后零星种植了鸟嘴茶树。他们已懂得茶叶有生津止渴、提神醒脑、助消化、祛痰止咳等功效，因此，户户都有种植。

产于凤凰镇的条形乌龙茶，分单丛、浪菜、水仙三个级别。其茶树小乔木型，叶型大、树干少分叉，叶子色深，嫩芽梢多淡绿而少毫。

凤凰单丛春季萌芽早，清明前后开采到立夏为春茶。夏暑茶在立夏后至小暑间。秋茶在立秋至霜降间。立冬至小雪采制的为雪片茶。采摘标准为嫩梢形成驻芽后第一叶展开到中开面时为宜，采摘时间以午后为最好。

根据香气，可将凤凰单丛分为蜜兰香单丛、黄枝香单丛、玉兰香单丛、夜来香单丛、肉桂香单丛、杏仁香单丛、柚花香单丛、芝兰香单丛、姜花香单丛、桂花香单丛等。

凤凰单丛干茶

凤凰单丛茶汤

凤凰单丛叶底

四、黄茶

黄茶属部分发酵茶（发酵度10%），为凉性茶，我国长江中下游是主要产茶区域，是中国特有茶类之一。自唐代，蒙顶黄芽被列为贡品以来，历代有产。由于"养在深闺人未识"，许多黄茶生产者转而生产绿茶。其实，品质优秀的黄茶别具风味。

（一）黄茶概况

工艺：杀青、揉捻、闷黄、干燥。

原料：由带有茸毛的芽头、芽或叶制成。采摘时，对新梢芽叶有不同要求，除黄大茶要求有一芽四五叶新梢外，其余的黄茶都要求芽叶细嫩、新鲜、匀齐、纯净。

颜色：叶黄、汤黄、叶底黄。

香气：清醇、滋味醇厚，属凉性茶。

代表茶：君山银针、霍山黄芽、蒙顶黄芽等。

营养成分：黄茶中富含茶多酚、氨基酸、可溶糖、维生素等丰富营养物质，对防治食道癌有明显功效。此外，黄茶鲜叶中天然物质保留有85%以上，而这些物质对杀菌、消炎均有特殊效果，为其他茶叶所不及，适合免疫力低下者、长期从事电脑工作者饮用。

蒙顶黄芽干茶

蒙顶黄芽叶底

（二）黄茶制作工艺

黄茶的制茶工艺类似于绿茶，制作时加以闷黄，因此具有黄汤黄叶的特点。

所谓闷黄，是在温热焖蒸作用下，叶绿素被破坏而产生变化，成品茶叶呈黄或绿色。闷黄工序还令茶叶中的游离氨基酸及挥发性物质增加，使得茶叶滋味甜醇，香气馥郁，汤色呈杏黄或淡黄色。

（三）黄茶的种类

一般来讲，黄茶的春茶是指当年5月底之前采制的茶叶；夏茶是指6月初至7月底采制的茶叶；而8月以后采制的当年茶叶，称为秋茶；10月以后就是冬茶了。

黄茶按其鲜叶的嫩度和芽叶大小，分为黄芽茶、黄小茶和黄大茶三类。

黄芽茶之极品是湖南洞庭君山银针，其成品茶外形苗壮挺直，重实匀齐，银毫披露，芽身金黄光亮，内质毫香鲜嫩，汤色杏黄明净，滋味甘醇鲜爽。

安徽霍山黄芽亦属黄芽茶的珍品。霍山茶的生产历史悠久，从唐代起即有生产，明清时即为宫廷贡品。霍山黄大茶，其中又以霍山大化坪金鸡山的金刚台所产的黄大茶最为名贵，干茶色泽自然，呈金黄，香高、味浓、耐泡。

黄小茶主要有北港毛尖、沩山毛尖、远安鹿苑茶、皖西黄小茶、浙江平阳黄汤等；黄大茶有安徽霍山、金寨、六安、岳西和湖北英山所产的黄茶和广东大叶青等。

五、白茶

白茶属部分发酵茶（发酵度10%），因其是用采自茶树的嫩芽制成，细嫩的芽叶上面盖满了细小的白毫，得名白茶。

工艺：萎凋、干燥（当萎凋达到七八成干时，晾干或烘干）。萎凋操作严格，不能重叠，不能翻拌。

原料：由壮芽、嫩芽制成。

颜色：干茶外表满披白色茸毛，毫心洁白如银，色白隐绿。

汤色：浅淡晶黄。

香气：清香。

滋味：干冽爽口，甘醇，叶底嫩亮匀整。白茶属凉性茶。

代表茶：白毫银针、白牡丹、寿眉等。

营养保健：白茶中茶多酚的含量较高，它是天然的抗氧化剂，可以起到提高免疫力和保护心血管等作用。白茶中还含有人体所必需的活性酶，可以促进脂肪分解代谢，有效控制胰岛素分泌量，分解体内血液中多余的糖分，促进血糖平衡。白茶的杀菌效果也很好，多喝白茶有助于口腔的清洁与健康。

君山银针干茶

君山银针茶汤

君山银针叶底

六、黑茶

黑茶属于后发酵茶，是我国特有的茶类，生产历史悠久，以制成紧压茶边销为主，主要产于湖南、湖北、四川、云南、广西等地。其中，云南普洱茶古今中外久负盛名。

（一）黑茶概况

工艺：杀青、揉捻、渥堆、干燥。

原料：由粗老的梗叶制成。

颜色：干茶黑褐色，汤色为橙黄色、枣红色。

香气：香味醇厚浓郁，并带有特殊的陈香味香。

滋味：醇厚回甘好，放置的时间越长，味道越好。

代表茶：湖南黑茶、云南普洱茶、湖北老边茶、四川边茶、广西六堡散茶。

营养保健：

（1）降脂减肥：黑茶中的茶多酚及其氧化产物能溶解脂肪，并促进脂类物质排出，因而能降低血液中总胆固醇、游离胆固醇、低密度脂蛋白胆固醇及三酸甘油酯的含量，从而减少动脉血管壁上的胆固醇沉积，降低动脉化的发病率。

（2）增强肠胃功能，提高机体免疫力：黑茶有效成分在抑制人体肠胃中有害微生物生长的同时，又能促进有益菌（如乳酸菌）的生长繁殖，具有良好的调整肠胃功能的作用，其生物碱类能促进胃液的分泌，黄烷醇类能显著增强肠胃蠕动。研究还发现，黑茶中的儿茶素化合物和茶叶皂甙对口腔细菌、螺旋杆菌、大肠杆菌、伤寒和副伤寒杆菌、葡萄球菌等多种病原菌的生长有杀灭和抑制作用，因而具有显著的消滞胀、止泄、消除便秘作用，是民间止泄的良药。

（3）抗衰老，调节脑神经作用：黑茶中的茶氨酸是一种脑内神经传递基质，具有调节大脑兴奋或镇静的功能。经对动物试验表明，小剂量（0.1-3mg/Kg体重）的茶氨酸有兴奋作用，而3mg/Kg体重以上是咖啡因的拮抗剂，能调控由咖啡因导致的兴奋。因而，饮黑茶有使人舒畅和松弛的感觉，而不使人因兴奋而失眠。

（4）降血压、降血糖：黑茶中的茶氨酸能起到抑制血压升高的作用，而生物碱和类黄酮物质有使血管壁松驰，增加血管的有效直径，通过使血管舒张而使血压下降。

此外，黑茶还有防癌、降血脂、防辐射、消炎等保健作用。

（二）黑茶制作工艺

制作黑茶，要经过下面几道工序：采摘云南大叶种茶鲜叶—萎凋—杀青—揉捻—干燥。

采摘：手工采摘一芽两叶为上。

萎凋：摊晾于无直射阳光通风干燥处，置于竹编竹篾上。时间视鲜叶含水量及当时气温湿度而定。

杀青：去除青草味，蒸发一部分水分，炒制后利于揉捻成形。

揉捻：有机器揉捻及手工揉捻。让茶叶细胞壁破碎，使茶汁在冲泡时易溶于茶汤，提高浸出率，使茶叶成条。

干燥：把揉捻好的茶叶在太阳光下自然晒干，最大程度保留了茶叶中的有机质和活性物质。晒青易于保留茶叶的原味。

渥堆：是黑茶熟茶制作过程中的独特工艺，也是决定熟茶品质的关键点，是指将晒青的毛茶堆放成一定高度（通常在50厘米左右）后洒水，上覆麻布，使之在湿热作用下发酵24小时左右。渥堆时间的长短、程度的轻重，会使成品茶的品质有明显差别。

（三）云南普洱茶

云南普洱茶，原是产于云南普洱府所在地，并在普洱集散的茶叶，由地名命名而发展为专门茶类。它是以符合普洱茶产地环境条件的云南大叶种晒青茶为原料，采用渥堆工艺，经后发酵（人为加水提温促进细菌繁殖，加速茶叶熟化，去除生茶苦涩，以达到入口顺滑、汤色红浓之独特品性）加工形成的散茶和紧压茶。

后发酵的途径有两种：一种是自然存放，长时间的缓慢自然发酵，这样变成的普洱茶，叫传统普洱茶；一种是用晒青毛茶经过人工促成后发酵办法生产的普洱茶及其压制成型的各种紧压普洱茶，叫现代普洱茶或熟普。

普洱茶属云南大叶种茶，其性状特点是：芽长而壮，白毫特多，银色增辉，叶片大而质软，茎粗节间长，新梢生长期长，韧性好，发育旺盛。其品质特征为：汤色红浓明亮，香气独特陈香，滋味醇厚回甘，叶底红褐均匀。

普洱生散茶

普洱生散茶茶汤

普洱茶有越陈越香的特点，如储存保管得当，可储存100年左右。它也非常耐泡，如用盖碗或紫砂壶冲泡陈年普洱，可泡20泡左右。

除散茶外，紧压成型的普洱茶有各种形状，小如药丸、圆球、象棋、沱茶、圆饼；大如南瓜、巨型饼、屏风、大匾……

七、花茶

花加茶窨制而成的茶为花茶，为再加工茶。既有鲜花高爽持久的芬芳，又有茶叶原有的醇厚滋味。例如：茉莉花加烘青绿茶熏制而成，称为茉莉花茶；玫瑰花加红茶窨制而成，称为玫瑰红茶；桂花加乌龙茶窨制而成，称为桂花乌龙茶。

（1）原料：茶主要以绿茶、红茶、乌龙茶为主，花有茉莉花、玫瑰花、桂花、玉兰花等。

（2）香气：浓郁花香和茶味。

（3）滋味：凉温都有，因富有花的特质，另有花的风味。

（4）代表茶：茉莉花茶、玫瑰红茶、桂花乌龙茶。

玫瑰红茶

桂花乌龙茶

八、紧压茶

紧压茶为再加工茶，是将毛茶加工、蒸压而成，有茶砖、茶饼、茶团等。

（一）紧压茶概况

工艺：将毛茶（主要有绿茶、红茶、乌龙茶、黑茶）用高温蒸软，压制而成。

颜色：紧压茶的色泽一般为黄褐色。

汤色：为枣红色或暗红色。

香气：香气为纯正的陈年旧香。

滋味：醇厚回甘好。

代表茶：绿茶紧压茶有四川沱茶、云南竹筒茶等；乌龙茶紧压茶有福建的水仙饼茶；黑茶紧压茶有湖南的茯砖、黑砖、花砖等，云南的饼茶、七子饼茶、普洱沱茶等，四川的康砖、金尖等，湖北的老青茶，广西的六堡散茶等。

熟普洱茶茶汤　　　　　　　　生普洱茶茶汤

四川沱茶

柚子茶

云南竹筒茶

（二）紧压茶制作工序

　　将茶（主要有绿茶、红茶、乌龙茶、黑茶）加工形成的半成品茶也就是毛茶再经过高温汽蒸软，压制而成的茶砖、茶饼、茶团等。

　　以普洱生饼茶的制作流程为例：

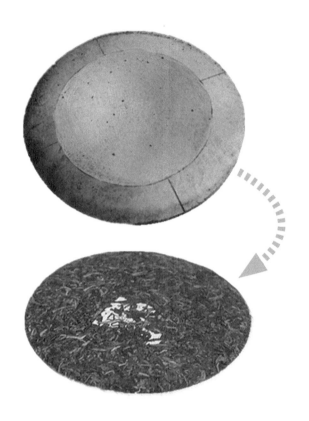

九、粉茶和抹茶

粉茶，是指将茶（主要以绿茶、红茶为主）磨成细微的粉末状，制成袋茶或可制作茶餐。一般袋茶冲泡方便、品饮随意。抹茶为日本特产。

抹茶

粉茶

十、保健茶

保健茶有八宝茶、冰红茶、冰绿茶、胶股兰茶、菊花茶、苦丁茶等。

菊花茶

苦丁茶

模块8 中国十大名茶

一、茶叶命名之法

茶叶的名字很多，排它个上千种是不成问题的，真正可以说是眼花缭乱。经一些学者分析研究，予以归类划分，有助于我们发现一些道道，更好地理解茶叶、记忆茶名。茶叶的命名大致有以下五类：

（1）以茶叶的形状命名。六安瓜片，君山银针、洞庭碧螺春、珍眉、砖茶等。

（2）以茶树品种命名，如白毫等。

（3）以茶叶产地命名，如普洱茶、祁红等。

（4）以茶叶的采制时间命名，如明前茶、雨前茶等。

（5）以制茶工艺命名，如炒青、烘青等。

二、名茶的定义

中国茶学导师陈椽教授说："名闻全国和蜚声海外的茶叶，都为名茶。"中国茶叶科学研究所所长程启坤教授认为，名茶是指有一定知名度的好茶，通常具有独特的外形、优异的色香味品质。

名茶应具备四个特点：

（1）饮用者共同喜爱，认为与众不同。

（2）历史上的贡茶，至今还存在的。

（3）国际博览会上比赛得过奖的。

（4）新制名茶全国评比受到好评的。

名茶可分为三大类：

（1）传统名茶。主要是历史上的贡茶，持续生产至今的，如西湖龙井、洞庭碧螺春等。

（2）恢复历史名茶。是指历史上曾有的名茶，后来因某些原因消失，现代重新恢复起来的名茶，如徽州松萝、蒙山甘露等。

（3）新创名茶。近现代新创制的名茶，饮用者共同喜爱，有与众不同的风味，如江西茗眉、高桥银峰等。

名山、名寺出名茶；名种、名树生名茶；名人、名家创名茶；名水、名泉衬名茶；名师、名技评名茶。许多名茶就是因为这些条件因缘和合而产生发展出来的。历史上各朝代的贡茶也都是名茶。但现在是强调市场经济的时代，虽然号称"名茶"，如果没有消费者的公认也是不行的。因此，名茶有它的空间性和时间性，于是有历史名茶和现代名茶的差异，也有地方名茶和全国名茶的区别。

三、中国十大名茶

中国茶园面积有100余万公顷，茶区分布，东起东经122°的台湾东岸的花莲县，西至东经94°的西藏自治区米林，南起北纬18°的海南省榆林，北至北纬37°的山东省荣成县，共有20个省（区）、980个县市生产茶叶，分为西南茶区、华南茶区、江南茶区和江北茶区四大茶区。

1. 西湖龙井

西湖龙井茶是我国第一名茶，素享色绿、香郁、味醇、形美四绝之美誉。它集中产于杭州西湖山区的狮峰山、梅家坞、翁家山、去栖、虎跑、灵隐等地。这里森林茂密，翠竹婆娑，气候温和，雨量充沛，沙质土壤深厚，一片片茶园就处在这云雾缭绕、浓荫笼罩之中。

干茶

茶汤

叶底

形状：外形扁平光滑，形似"碗钉"。

颜色：色泽翠绿。

汤色：汤色碧绿明亮。

滋味：香馥如兰，滋味甘醇鲜爽，有"色绿、香郁、味醇、形美"四绝佳茗之誉。

采摘特点：一早，二嫩，三勤。以早为贵，明前茶品质最佳。

2. 洞庭碧螺春

碧螺春是绿茶中的佼佼者，士人称曰："吓煞人香"。有古诗赞曰："洞庭碧螺春，茶香百里醉。"它主要产于苏州西南的太湖之滨，以江苏吴县洞庭东、西山所产为最，已有300余年历史。它以条索纤细、卷曲成螺、茸毛披露、白毫隐翠、清香幽雅、浓郁甘醇、鲜爽甜润、回味绵长的独特风格而誉满中外。

干茶

茶汤

叶底

形状：碧螺春茶条索纤细，卷曲成螺，满身披毫。

颜色：银白隐绿。

汤色：汤色碧绿清澈，叶底嫩绿明亮。有一嫩（芽叶）三鲜（色、香、味）之称。

滋味：碧螺春产区是我国著名果木间作区，茶树和果树的根脉相通，茶吸花香，花窨果味。香气浓郁，滋味鲜醇甘厚。

采摘特点：一早，二嫩，三拣得净。以春分至清明前采制的最为名贵。

3. 信阳毛尖

信阳毛尖产于河南省大别山区的信阳县，有 2000 多年的历史。茶园主要分布在车云山、集云山、云雾山、震雷山、黑龙潭等群山的峡谷之间。这里地势高峻，群峦叠嶂，溪流纵横，云雾弥漫，还有豫南第一泉"黑龙潭"和"白龙潭"，景色奇丽。正是这里的独特地形和气候，以及缕缕云雾，孕育了肥壮柔嫩的茶芽，为信阳毛尖独特的风格提供了天然条件。

信阳毛尖曾荣获1915年万国博览会名茶优质奖，1959 年被列为我国十大名茶之一，1982年被评为国家商业部优质产品，不仅在国内20 多个省区有广泛的市场，而且还远销日本、德国、美国、新加坡、马来西亚等十余个国家，深得中外茶友称道。

形　　状：毛尖外形细、圆、紧、直，多白毫。

滋　　味：汤绿味浓。

采摘特点：一般四月中下旬开采，以一芽一叶或一芽两叶初展为特级和一级毛尖。

干茶

茶汤

叶底

4. 太平猴魁

  太平猴魁产自安徽省太平县新明乡三合村猴坑、猴岗、颜村等地。

  茶园大多坐落在海拔 500~700米以上的山岭上，主要分布在凤凰尖、狮形山和鸡公尖一带，由于三峰鼎足、崇山峻岭、林整幽深、地势险要，故传有猴子采茶之说。这里低温多湿，土质肥沃深厚。山上，常年云雾缭绕，夏日夜晚凉爽，晨起云海一片，浓雾茫茫。山下，太平湖蜿蜒，幽谷中，山高林密，鸟语花香。

形　　状：猴魁的外形是两叶包芽，扁平均直，自然舒展，白毫隐伏，有"猴魁两头尖，不散不翘不卷边"之称。

颜　　色：叶色苍绿匀润，叶脉绿中隐红，俗称"红丝线"。

汤　　色：清绿明净，叶底嫩绿均亮，芽叶成朵肥壮。

滋　　味：花香高爽，滋味甘醇。

采摘特点：采摘猴魁特别讲究得时得法。谷雨前后，当20%芽梢长得一芽三叶初展时，即可开采。

干茶

茶汤

叶底

5. 黄山毛峰

　　黄山毛峰产自风景秀丽的黄山风景区。据《徽州府志》记载："黄山产茶始于宋之嘉裕，兴于明之隆庆。"由此可知，黄山产茶历史悠久，黄山茶在明朝就很有名了。

　　黄山毛峰是清代光绪年间谢裕泰茶庄所创制。该茶庄创始人谢静和，安徽数县人，以茶为业，不仅经营茶庄，而且精通茶叶采制技术。1875年后，为迎合市场需求，每年清明时节，在黄山汤口、充川等地，登高山名园，采肥嫩芽尖，精心炒制，标名"黄山毛峰茶"，远销东北、华北一带。

　　形状：特级黄山毛峰其形似雀舌，均齐壮实、峰显毫露。

　　颜色：色如象牙、鱼叶金黄。

　　汤色：汤色清澈。

　　滋味：清香高长、滋味鲜浓、醇厚甘甜，叶底嫩黄，肥壮成朵。

　　采摘特点：特级黄山毛峰为一芽一叶初展，清明前后采摘。

干茶

茶汤

叶底

6. 六安瓜片

六安瓜片产自安徽省六安地区的金寨、六安、霍山三县，以金寨的齐云瓜片为最佳，齐云山蝙蝠洞所产的茶叶品质为最优。

六安瓜片历史悠久，早在唐代，书中就有记载。因其叶形似瓜子，故称为"瓜片"。其色泽翠绿、香气清高、味道甘鲜，历来被人们当作礼茶，用来款待贵客嘉宾。明代以前，六安瓜片就是供宫廷饮用的贡茶。据《六安州志》载："天下产茶州县数十，惟六安茶为宫廷常进之品。"

形　　状：似瓜子皮的单面，自然平展，叶缘微翘。大小匀整，不含牙尖、茶梗。

颜　　色：色泽宝绿。

滋　　味：清香高爽、滋味甘甜。

采摘特点：春茶于谷雨后开采，新梢已形成开面，采摘标准以对夹两三叶和一芽两三叶为主。采回鲜叶后及时扳片，将嫩叶未开面同老叶已开面分离出来，炒制瓜片。

干茶

茶汤

叶底

7. 安溪铁观音

在福建省安溪县，茶树良种很多，其中以铁观音茶树制成的铁观音茶品质最优。而在台湾，铁观音是一种特制的乌龙茶，并非一定得用铁观音茶树上采来的新梢制成，这与安溪铁观音的概念不同。安溪铁观音，以春茶品质最好，秋茶次之，夏茶较差。自问世以来，一直受到闽、粤、台茶人及东南亚、日本人的珍爱。

干茶

茶汤

叶底

形状：铁观音茶茶条卷曲、沉重似铁，呈青地绿腹蜻蜓状。

颜色：色泽鲜润，砂绿显、红点明、叶表带白霜。

汤色：汤色金黄，浓艳清澈，叶底肥厚明亮，有绸面光泽。

滋味：茶汤醇厚甘鲜，入口回甘带蜜味，香气馥郁持久，有"七泡有余香"之誉。秋茶香气特高，俗称秋香，但汤味较薄。

采摘特点：其制作严谨、技艺精巧。一年分四季采制。

8. 凤凰水仙

凤凰水仙产于广东省潮安县凤凰山。传说南宋末年，帝昺（赵昺，公元1278—1279）南下潮汕，路经凤凰山的乌崇山时，曾用茶树叶止渴生津，效果甚佳，从此广为栽种，称为"宋种"。

凤凰水仙由于选用原料和制造工艺不同，按品质优劣，依次可以分为单丛级、浪菜级和水仙级3个品级。凤凰水仙内销闽、粤一带，外销东南亚各国。

形状：茶条肥壮。

颜色：色泽黄褐呈鳝鱼皮色，油润有光。

汤色：茶汤橙黄清澈，沿碗壁显金黄色彩圈，叶底肥厚柔软，边缘朱红，叶腹黄亮。

滋味：醇厚回甘，具天然花香，香味持久、耐泡。

采摘特点：春季萌芽早，清明前后开采到立夏为春茶，采摘标准为嫩梢形成驻芽后第一叶开展到开面时为宜。

干茶

茶汤

叶底

9. 君山银针

产于湖南岳阳的洞庭湖的君山岛上，当地所产之茶，形似针，满披白毫，故称君山银针。一般认为此茶始于清代，因其质量优良，曾在1956年国际莱比锡博览会上获得金质奖章。

君山银针的品质特点是：外形芽头肥壮挺直、匀齐、满披茸毛、色泽金黄泛光，有"金镶玉"之称；冲泡后，香气清鲜，滋味甜爽，汤色浅黄，叶底黄明。头泡时，茶芽竖立，冲向水面，然后徐徐下立于杯底，如群笋出土，金枪直立，汤色茶影，交相辉映，构成一幅美丽的图画。

形状：君山银针属芽茶，茶树品种优良，树壮枝稀，芽头肥壮、重实、挺直。

颜色：芽身金黄，满披金毫。

汤色：汤色橙黄明净，叶底嫩黄匀亮。

滋味：香气清醇，滋味甜爽。

采摘特点：君山银针采摘开始于清明前三天左右，直接从茶树上采摘芽头。芽蒂长约2毫米，肥硕重实。雨天不采、露水芽不采、紫色芽不采、空心芽不采、开口芽不采、冻伤芽不采、虫伤芽不采、瘦弱芽不采、过长过短芽不采，即所谓君山银针九不采。

干茶

茶汤

叶底

10. 祁门红茶

祁门红茶，又称祁门工夫红茶，是我国传统工夫红茶中的珍品，产自安徽省黄山地区祁门县，有100多年生产历史，在国内外享有盛誉。祁红的品质特点是：条索紧秀而稍弯曲，有锋苗，色泽乌黑泛灰光，俗称"宝光"。冲泡后，香气浓郁高长，有蜜糖香，蕴含兰花香，且滋味醇厚，回味隽永，汤色红艳、明亮，叶底鲜红嫩软。

干茶

茶汤

叶底

形状：外形紧秀，有峰苗。

颜色：色泽乌黑泛灰光，俗称"宝光"。

汤色：汤色红艳，叶底嫩软、红、亮。加奶后乳色粉红，其香味特点犹存，因而在国际市场上享有盛誉。

滋味：茶叶品质好，滋味醇厚，其内质香气独树一帜。内质香气浓郁高长，似蜜糖香，又蕴含兰花香。

模块9 人员配置、岗位要求

以营业面积200平方米左右的茶馆为例，其人员配置如下：

经　　理：1名　　　　店　　长：1~2名

领　　班：2名　　　　茶艺师：4名

茶艺员：4~6名　　　茶水间：2名

收银员：2名　　　　采购员：1名

保洁员：2名　　　　茶叶质检员：1名

库房管理员：1名

以上人员配置仅供参考，各茶艺经营场所可根据经营面积进行相应调整。

【岗位职责】

1. 建立健全内部组织系统，协调各部门关系，建立内部合理而有效的运行机制。

2. 研究并掌握茶行业市场的变化和发展情况，制定价格，适时提出阶段性工作重点，并负责实施。

3. 负责店内安全保卫、人事工资和计划财务工作。

4. 参加由店长组织的周工作例会，沟通信息，部署工作。

5. 对茶艺人员进行仪容仪表、劳动纪律检查。

【任职要求】

1. 熟悉并掌握茶文化专业知识。

2. 熟知企业经营和管理知识。

【岗位职责】

1. 掌握店内设施情况，协助经理执行经营计划及各项规章制度。

2. 负责与外界职能部门联系，与客人建立良好的关系，遇到问题及时与经理沟通。

3. 定期对店内安全系统、库房管理状况等进行检查。

4. 签署领货单及申请计划，制定物品保管办法。

5. 定期对储存茶叶进行检查，严把质量关。

6. 定期参加由领班召开的例会。

7. 协调好领班、茶艺师、员工及客人间的各种关系。

8. 定期检查店内清洁卫生、员工个人卫生和茶水间卫生状况。

9. 对茶艺工作人员进行定期培训，提高其业务技能。

10. 制定员工排班表、考勤表并核准。

11. 对客人的合理性要求有问有答。

【任职要求】

1. 具有高级茶艺师职业资格。

2. 有一定的经营管理经验。

店长

【岗位职责】

1. 执行并安排店长分配的工作。

2. 负责召开每天的例会。

3. 负责检查店内环境卫生、安全设施及服务员仪容仪表等。

4. 带领员工做好茶叶推广工作。

5. 了解员工心理状态，关心其个人生活，引导其树立良好的集体观。

6. 制定员工考勤计划，做好排班表。

7. 了解行业信息，提出合理化建议，供经理决策。

8. 定期组织员工进行业务技能培训。

9. 定期考核员工业务技能。

【任职要求】

1. 具有中级茶艺师职业资格。

2. 具有2年以上茶艺服务工作经验。

领班

【岗位职责】

1. 在领班领导下，为宾客提供茶艺服务。

3. 掌握服务规范，提高服务质量。

4. 熟知专业知识，掌握泡茶技巧。

5. 有较强的应变能力，能妥善处理突发事件。

6. 积极主动参加专业知识培训，当好领班的好助手。

7. 根据不同的茶叶和不同的人，选择最合适的茶具及泡茶方法。

8. 主动向客人介绍特色茶叶（点），准确并婉转回答客人提问。

【任职要求】

1. 具有初、中级茶艺师职业资格。

2. 职高以上学历，五官端正，面容清秀。

茶艺师

【岗位职责】

1. 熟知迎送程序，提供到位服务。

2. 微笑服务，主动并提前为客人开门。

3. 做到客来有迎声，客走有送语。

4. 坚守工作岗位，不脱岗。

5. 参加营业前的准备工作和营业后的卫生清理工作。

6. 积极准确为领班提供客人人数及基本情况。

7. 积极配合领班，做好客人定位等工作。

8. 掌握茶馆的整体情况，了解特色茶叶及茶点。

9. 积极主动参加专业知识培训。

【任职要求】

1. 职高以上文化程度，身体健康，五官端正，讲普通话。

2. 掌握礼仪礼节知识。

茶艺迎宾员

【岗位职责】

1. 掌握服务程序和操作规范。

2. 积极主动协助茶艺师工作，当好茶艺师的助手。

3. 积极主动参加店内组织的学习，不断提高业务素质。

4. 熟悉各种茶叶、茶点的特点及价格，了解店内特色茶，做好推广工作。

5. 负责擦洗茶具、店内陈列物品、服务用具，搞好店内卫生工作。

6. 客人走后，做好茶具、茶叶的清洁工作，检查并切断电源。

7. 及时满足客人需求，尽量让客人满意。

【任职要求】

1. 具有初中以上文化程度。

2. 了解专业知识。

3. 具有良好的品行。

茶艺服务员

【岗位职责】

1. 自觉遵守财经纪律，严格按财务制度办事。

2. 准确记账，严格收银手续，杜绝错收漏收现象发生。

3. 收取的现金必须与账目相符，发现多款、少款应及时查找原因报经理。

4. 按国家规定为客人开具发票。

5. 按规定填写报表，做到准确无误。

6. 对吧台内的物品，应建立固定物品记账单。

7. 营业结束，做好收尾工作，收好各种单据、印章、计算器，锁好保险柜，做好安全防范工作。

8. 了解茶艺知识、茶叶常识。

9. 熟知茶叶、茶具及其他商品的销售价格。

10. 做好交接班工作。

11. 搞好收银台内外的环境卫生工作。

【任职要求】

1. 职高以上学历，有会计证。

2. 有非常强的责任心，工作认真踏实。

3. 了解茶叶基本知识，会操作电脑。

茶艺收银员

【岗位职责】

1. 负责对店内的茶叶、茶具、食品、物品进行询价，把好质量关，做好采买工作。

2. 了解市场动向，能够货比三家，以达到降低成本的目的。

3. 严格按照采买程序办事，不得超量购买，不得延误使用。

4. 认真做好每日采购记录。

5. 掌握货款支票使用方法，发现问题及时上报。

6. 协助库管店长清点数目及质量，签字后入库。

7. 能提出采买的合理化建议。

【任职要求】

1. 熟知茶叶专业知识。

2. 有良好的职业道德。

3. 熟悉进货渠道。

采购员

【岗位职责】

1. 随时检查各种物资的品茗、数量。如库存量不够，要填写采购单，写明库存量、月用量、申购量，确认无误后交主管经理。

2. 严格入库制度，根据物品、茶叶不同的性质合理存放。

3. 严格按规章制度发货。领货手续不全不发货，如遇特殊情况，须报经理或店长批准。

4. 经常与使用部门保持联系，库存如有积压，应及时提醒各部门。

5. 积极与各部门配合，做好每月的盘点工作，做到账物相符。

6. 下班前对库房进行安全检查。

【任职要求】

1. 具有高中以上文化程度，有一定的库管经验。

2. 品德优良，工作责任心强，头脑清楚，工作条理性强。

库房管理员

【岗位职责】

1. 负责区域内的清洁卫生工作。

2. 正确使用清洁剂及清洁器具。

3. 及时准确将遗留物品上报领班。

4. 下班后，将清洁器具清理干净，送回指定处保管。

【任职要求】

1. 身体健康，无传染病。

2. 有良好的思想品德。

保洁员

模块10 职业素质及能力

从事茶艺服务的工作人员，必须树立正确的服务观念，热爱自己的茶艺专业，积极主动地培养自己对茶艺工作的浓厚兴趣，努力研究业务知识，恪尽职守，积极向上，始终以主人翁的身份，全心全意地为每一位宾客服务。

一、工作责任心强

（1）对茶艺服务工作有全面、正确的认识。

（2）积极主动地培养自己对茶艺工作的浓厚兴趣。

（3）能够用最好的心态最大限度地满足客人的合理要求。

（4）遇事冷静，心态平和。

（5）对客人的服务能做到尽善尽美。

二、服务意识强

（1）要从认识上理解所从事职业的特点以及自己应扮演的角色。

（2）要在情感上视客人为自家的客人，作为被照顾的对象。

（3）从行为上体现出热情、大方、助人的服务风格。

（4）想客人之所想，急客人之所急，把工作想在客人前面，树立"客人永远是对的"服务理念。

三、有广博的知识

（1）茶叶知识：熟悉各种茶叶的产地、价格、采摘方式、特点和服务要求等。

（2）茶具设备使用与维护保养常识：掌握各种茶具、相关设备的使用、保养和维护的步骤和要领。

（3）食品营养卫生知识：懂得茶与食物的搭配，掌握饮茶卫生知识。

（4）民俗与饮食习惯知识：了解中国不同地区不同民族的风俗习惯、宗教信仰、禁忌和饮食习惯等知识。

（5）服务心理学知识：能够运用心理学知识，通过观察，了解消费者的心理需求，提供个性化服务。

（6）外语会话：能用相应的外语对客服务。

（7）音乐欣赏知识：能欣赏音乐并能为不同主题的环境选择背景音乐。

（8）美学知识：了解室内装潢、环境布置、色彩搭配知识，具备美的鉴赏能力。

（9）文史知识：有一定的文史学识，熟悉有关品茶的历史掌故和名人逸事。

（10）其他学科知识：要不断学习营销学、公共关系等方面的知识。

四、服饰得体

（1）根据季节、环境、茶艺风格定位服装。如，冬天可选择温暖柔和的色调给人以温暖舒适感，夏天可选择清新明快的色调给人以清凉感。

（2）服装的颜色主要以灰色、米色、棕色、咖啡色、蓝色印花、象形文字、淡绿色等为主。

（3）无论选择哪种颜色，服装的风格都要以中式为宜，体现古朴、典雅、传统的中国茶文化意境。

（4）服装整洁。

（5）袖口不能宽，长以七分袖为宜。

五、发型标准

（1）是长发的，要将头发盘起，梳理整齐。

（2）是短发的，发不能过肩，两侧头发梳理到耳后。

（3）头发帘儿短的，长不能过眉；头帘儿长的，要梳起来，避免头发落入操作用品中。

（4）头发不能有异味，要给客人以整齐、清新的感觉。

六、仪表端庄

（1）要将眉毛修理整齐，不宜用过浓的颜色加以修饰。

（2）眼部可选择浅淡的眼影进行修饰，以突出眼睛有神。眼线和睫毛不宜涂抹颜色，因为泡茶时会有热气，将影响整体面部的整洁。

（3）唇部可以涂抹淡雅明亮的唇膏，给人以清新柔美的感觉。

（4）注意口腔卫生，不能有异味。

（5）整体面容要给人以清爽、文雅、柔美的感觉。

（6）指甲不能过长，不能涂指甲油。

（7）手部不能佩戴包括戒指、手链、手表等在内的任何饰物。因为这些饰物中会滋生细菌，操作时饰物与茶具摩擦会发出声响，影响正常泡茶，同时还会给人喧宾夺主的感觉。

（8）手部不能有诸如化妆品、洗涤剂、护手霜等化妆、洗涤用品的味道，为客人服务前先净手。因为任何异味都会影响客人正确闻香品茶。

（9）注意手部护理，纤细、灵巧、柔美的手更能烘托茶艺艺之美。

七、举止得当、形体优美

1. 对站姿的要求

（1）站立服务时，站姿要端正。

（2）要自然端庄，眼睛平视前方，目光散点柔视，嘴微闭，面带微笑。

（3）站立时，挺胸收腹，双肩自然下垂，双手放在前腹，左手在下、右手在上。

（4）脚部可呈平行站法、v字站法、丁字站法。

（5）站立时，身体不能倚靠它物。

2. 对坐姿的要求

（1）手放在茶桌上，左手在下、右手在上，挺胸收腹，双肩自然下垂，左右肩平齐，双腿并拢，坐在椅子的1/3处，面带微笑。

（2）做茶或进行茶艺表演时，双肩保持平衡，身体不能左右倾斜。

（3）当单手操作时，另一只手必须放在茶巾上。

（4）做茶时，要始终面带微笑，目光散点柔视面对客人。

3. 对走姿的要求

（1）挺胸收腹，双肩平齐并自然下垂，手臂伸直，手指自然弯曲。手臂随步伐自然前后摆动。目视前方面带微笑。

（2）以直线行走，步伐不能快，步态要轻盈。

（3）与客人相遇时，点头示意，侧身让对方先行。

（4）客人多或遇到紧急事件时，切勿急躁甚至在工作区域奔跑，随时保持良好的工作状态。

（5）在与同事一道行走时，不能拉手搂抱，奔跑追逐。

4. 对蹲姿的要求

（1）需要为客人蹲下服务时，要求左腿在前、右腿在后，屈膝蹲下。

（2）切勿弯腰为客人服务，因为臀部对着客人是不礼貌、不文雅的。

5. 对鞠躬的要求

站式鞠躬时，双手放于胸前，左手在下、右手在上，双腿并拢上半身略向前倾。前倾时吸气，恢复直立时呼气；坐式鞠躬时，双腿并拢，双手放在茶桌上，左手在下、右手在上，上半身平直弯腰，弯腰时吐气、直身时吸气。

6. 对寓意礼（凤凰三点头）的要求

寓意礼，在茶艺服务中专指"凤凰三点头"。操作时，手提泡茶用水壶，运用低斟高冲的手法反复三次，以示向客人三鞠躬行礼。

八、操作手法规范

（1）在茶文化氛围里，茶艺服务员一举手一投足都要反映出举止的优雅，要将品茗的环境、泡茶时的手法、柔美的身体语言融为一体，使客人真正享受到品茗的境界。

（2）在为客人拿取物品或泡茶时，动作要轻，目光柔视，语言柔美，面带微笑。

（3）禁止有各种不文雅、不文明举止。如大声喧哗、哼小调、吃东西、掏耳朵、吐舌头、扮怪脸或与同事交头接耳等。

（4）对客服务时，要用正确的姿势，掌心向上，上身前倾，以表敬意。

（5）放置茶壶时，壶嘴切勿对着客人。

（6）为客人斟茶七分满即可，以示斟茶七分满留下三分是情意。

九、有恰到好处的礼貌用语

1. 称呼礼

（1）称陌生未婚女性为"小姐"，已婚女性称为"太太"；对职业女性或不知婚否人士，女性称"女士"，男性称"先生"。

（2）知道客人姓名后，可将姓名和尊称搭配使用。

（3）对有职务、学位的人士，应予以相应的称谓，如王教授、张主任等。

（4）在使用外语称呼时，要注意外语的习惯表达法与汉语的区别。

2. 问候礼

是茶艺服务人员向客人表示亲切问候、关心及祝愿的语言。要根据不同场合施以不同的问候礼。

（1）下午遇到客人时："先生，下午好！""您好！欢迎光临×××茶艺馆"等。

（2）向客人道别时："您慢走，欢迎再次光临。"

（3）逢节日、生日、婚礼时："过年好""祝您生日快乐""祝你们新婚快乐、永结同心"！

（4）与客人交谈时，如果发现其他客人走近，应主动示意他们的到来，不应无所表示。

3. 沟通礼

与客人沟通时，语调要优美，语速要适中，用词要贴切。

（1）请客人点茶时："先生您好！请问哪位点茶？由我给您介绍一下店里的特色茶好吗？"

（2）在泡茶前要征求客人的意见："先生，您喜欢喝浓一些还是淡一些？"

（3）与客人交谈时，要认真倾听，诚恳回答。如，客人问："小姐，绿茶是春茶好还是夏茶好？"可回答："春茶较好，香气高，鲜爽度好；夏茶香气弱，涩度大。"

（4）回答客人询问时，表达要准确、清楚，语言简洁。

（5）谈话声音以双方能够听清为限，语调平稳、语气轻柔、速度适中。

（6）注意不要谈及对方不愿提到的内容或隐私。

（7）不能使用"不知道"等否定语，应积极、婉转地回答问题。

（8）如客人心情不好、言辞过激时，不能面露不悦，态度要平和。

（9）不要在客人面前与同事讲家乡话，不能扎堆聊天。

（10）忌中途打断客人讲话，应让客人讲完后再作答。

（11）遇急事需要找谈话中的客人时，应先说声"对不起"，征得客人同意后再与客人谈话。

（12）因工作原因需暂时离开正讲话的客人时，要先说声："对不起，请稍候"，回来继续为客人服务时，应主动表示歉意："对不起，让您久等了"。

十、用语恰到好处

（1）茶艺服务人员要谈吐文雅，说话分场合，讲究语言艺术。会察言观色，根据客人需要正确用语。

（2）声调不高不低，自然柔和，语气热情亲切，饱含敬意和诚恳之意。

（3）使用优美的语言和能使客人愉快的语调，服务过程就显得有生气。

（4）使用迎宾敬语、问候敬语、称呼敬语、电话敬语、服务敬语、道别敬语，为客人提供规范化服务。

十一、了解客人的心理状态

（1）要了解茶与健康的知识，来分析客人的心理，达到使客人正确品茶的效果。

（2）要善于察言观色，根据客人的情绪、表情，通过语言了解客人的需求。

（3）要根据客人的年龄、性别、喜好、文化程度，来建议客人选择饮茶的种类。

（4）要了解客人是否第一次到来，这就要求服务人员有较强的记忆力。

十二、有使用电脑和辅助工具的能力

（1）能利用电脑为商务洽谈、网上购茶、销售茶叶和专业书籍服务。

（2）熟知店内设备的正确使用方法，给客人营造一个安全、放心的品茗环境。

【典型案例】

茶楼一位老顾客没看茶单就点了一份茶，可正赶上季节性调价，客人结账时发现多收了10元钱，非常不高兴。你该如何用简单明了的语言来表达服务用意，既不会让客人生气又不会让茶店生意受到影响？下面有四个不同的回答：

1. 非常抱歉，先生，我只是一个茶艺员，价格是由我们经理定的。

2. 茶叶价格变动，没有提醒您注意确实是我的失误，为此深表歉意。

3. 没有告诉您价格的变动，很是抱歉，但作为特殊情况，这次按原价收费。

4. 让我与经理联系，因为你是老客人，或许经理会按原价收费。

分析：作为一名合格的员工，应学会运用不同的语言技巧来处理棘手的问题或突发事件：

首先，员工不能擅自决定用原价还是变动后的价格让客人付费。

其次，一遇到问题就把皮球踢给管理者，这样的员工可不是一个好员工，而应给管理者尽可能大的决策空间和处理问题的余地。

解决这一问题的最佳方法是责备自己没有提醒客人注意价格的变化，主动承担责任，相信你一定会得到客人的谅解。最佳答案是2。

下 篇
操作技能篇

模块11　茶艺服务流程

一、服务前的准备

（1）擦拭地板，用吸尘器清洁边角区域及地毯。定期给地板打蜡。

（2）擦拭门窗、桌椅。

（3）定期清洁陈列物品，如挂画、摆放茶具的多宝格等。

（4）给鱼缸定期换水，给绿色植物定期浇水，保持叶面清洁。

（5）开窗通风，保持室内空气清新、无异味。

（6）检查桌椅有无破损、松动；桌布、包间内的沙发、地毯有无破损或是否沾有茶渍，发现问题及时修补或更换。

（7）检查并清洁整理卫生间，补充相关用品。

（8）根据需要做好促销和节假日的室内宣传美化工作。

（9）检查茶具、用具是否齐全，是否卫生清洁，摆放是否合理、美观。

（10）将茶单、点茶单、笔、茶盘、结账夹等准备齐全，放在固定位置。

（11）准备及检查各种茶叶、茶点，检查有无过期。发现问题及时补充或更换。

（12）了解当日有无特殊促销活动及促销价格，以便及时、准确地为客人解释。

（13）检查前日工作记录，需要当日完善的，要及时完成。

（14）领班全面检查上述准备工作。如：茶具的消毒卫生情况，茶室的陈列摆放情况，室内的温度、灯光、气味，茶叶、茶点的准备情况，茶艺员的仪容仪表等。检查合格后，茶艺员各就各位，精神饱满地迎接客人。

二、迎接客人

（1）看到有客人来时，热情、主动为客人开门，礼貌问候。

（2）询问客人品茶人数。

（3）走在客人左前方或右前方1.5米处，并以手势礼貌引客入位。

（4）提供迎宾服务时，迎宾员要讲普通话，声音柔美、吐字清楚，正视客人，目光散点柔视。

三、引客入座

（1）根据记忆判断客人是初次来，还是经常来。不能准确判断的，可礼貌地询问客人。对于初次到来的客人，应向客人简单介绍茶室布局和品茗环境。

（2）尊重客人的意见安排座位。

（3）由茶艺师（员）为客人拉椅让座。

（4）根据季节为客人送上冷、热毛巾。服务消毒毛巾时，消毒毛巾不能有影响茶香的气味。

（5）引位过程中，如遇拐角、台阶，应用语言及手势及时提醒客人。

（6）客人要求在包房品茶的，要为客人开门、开灯、开排风。

（7）考虑到品茗环境的特殊性，应根据客人人数、品茗习惯合理安排座位，尽量不加位。

（8）对于残疾客人，要安排行动方便、舒适的座位，尽量遮挡残疾部位。

四、点单

1. 介绍、推销特色茶及茶点

客人就座后，双手递上茶单，根据客人的消费需求、年龄、性别、喜好以及是否初次品茶等因素，为客人推荐适合的茶品。

2. 填单

（1）站在客人左侧，身体略向前倾，专心倾听客人点单内容。

（2）回答客人问询时音量要适中、语气亲切。

（3）不可将点茶单放在餐桌上填写。

3. 确认

客人选定茶叶、茶点后，应复述客人所点内容，得到确认后收回茶单，有礼貌地对客人说："请您稍等"。

开好的茶单一式三联，一联送留收银台结账用，一联留操作间备货用，一联交经理对账用。

4. 下单

填写茶单要迅速、准确、工整，写明台号、品茶人数（便于选择不同的茶具）、茶品及茶点全称、价格、填单时间和填表人姓名等，并注明客人的特殊要求。

五、下单后的服务

1. 上茶点

将水烧上并对客人说："待水开后我会为您泡茶。我先去为您准备茶叶、茶点，这是我们茶艺馆的内部介绍，您先看一下，我马上回来为您服务。"

在下单后10分钟内，为客人奉上茶点。

2. 泡茶

（1）待水烧开后，准备为客人泡茶。泡茶前应征得客人同意："先生/女士，水开了，现在可以为您泡茶了吗？需要我为您做茶艺讲解吗？"客人同意后方可为泡茶。泡茶时，注意投茶的量、泡茶的时间及温度。

（2）需要茶艺表演的，按程序表演。

（3）不需要茶艺表演的，进入下一操作流程，并说："大家好！我是××茶艺馆的茶艺师××，希望我的服务能够让您的满意。"

3. 奉茶

（1）泡好茶后为客人奉茶。先征求客人的意见："需要我为您演示品茶的动作吗？"或者说："请大家和我一起随着古筝的韵律，用左手拿起闻香杯，将茶汤到入品茗杯中，闻（如铁观音）茶的兰花香气，然后再观看茶汤的汤色为蜜绿色（黄）色，分三口品茶。"

（2）将茶汤（第二泡）冲好，为客人斟好茶后，将（第三泡）茶汤冲好，对客人说："茶已为您泡上，请慢用，如有需要请按红色按钮，我就在门外，随时等候为您服务。"

（3）奉茶时，先主后宾。将随手泡内的水续满，告诉客人随手泡的使用方法，得到客人允许后退出。

【注意事项】

在上茶和茶点时，茶艺员要认真核对茶品。奉茶时，要说明茶品的名称及茶叶的产地。

4. 茶间服务

在客人品茶过程中，时刻注意观察客人需要，在适宜的时间为客人提供茶间服务。如及时为客人更换烟灰缸，撤掉空的茶点盘，将茶盘内的废水倒掉，为客人添加泡茶用水等。

（1）更换茶具的正确方法：将茶盘放在自己方便操作的位置；左手拿茶巾，右手将茶具放于茶巾上一并拿走，放入茶盘内，然后换上干净的茶具。

（2）更换泡茶用水的正确方法：掌握茶船内废水的容量，及时更换茶船内的废水；操作熟练，勿将茶水洒到客人衣物上；及时、准确地为客人添加泡茶用水；续水时，注意不要将随手泡内的水续满，续七分满即可。防止水开后溢出，发生短路等情况；随手泡不加热时，壶嘴不要对着客人，这样是不礼貌的。

（3）根据茶叶的特性，提醒客人更换茶叶。更换前应征得客人的同意："先生/女士，这道茶已经很淡了，您需要换茶吗？"

【典型案例】

有一次和几个朋友去茶楼喝茶，茶艺师在泡茶时是这样做的：泡好茶后为客人分茶时，茶艺师才发现壶中的茶汤只能倒出四杯来，但我们是五个人，她意识到后，冲上第二泡茶汤后立即倒入公道杯中斟茶。客人非常不高兴："请问，为什么我的茶汤和他们喝的茶汤不一样？"茶艺师笑笑，表现出很尴尬的样子。

案例分析：作为一名合格的茶艺师，对专业知识应了如指掌，应预见到可分配茶汤的量。客人提出问题时，要有相应的解释。本例中的茶艺师茶艺不精，客人提出质疑后又默不作声，这样的服务很难令客人满意。

处理方法：当客人提问时，可以这样回答："非常抱歉！是我工作失误，我马上为您重泡一壶茶，希望您谅解。"

六、结账服务

（1）当客人示意结账时，茶艺员应问清付款方式，告知收银台结账。

（2）茶艺员将品饮清单交收银台，收银员核对台号、所点茶品数量后结账。

（3）是现金结账的，茶艺员告知客人消费金额、应收金额、应找余额。

（4）收银员在品饮清单上加盖"已付"章。

（5）茶艺员将找零及发票放入收银夹内递送给客人，并致谢："这是发票和找您的零钱，请收好。"

（6）递账单时，身体前倾，不能离客人太近或太远，声音放低但清楚地报出消费金额。

（7）结账后，提醒客人将未用完的茶叶及茶叶罐带走，如是会员，可提醒客人存茶。

（8）签单结账的，按规定进行签单服务。

七、送客服务

（1）主动征求客人意见，并将意见记入交班本中。

（2）客人起身要离开时，主动为客人拉开座椅，送上衣帽，并提醒客人携带好随身物品，与客人热情告别，欢迎其再次光临。

（3）客人离开后，茶艺员要检查品茗区域是否有未燃尽的烟头和客人遗留物品。

（4）清理地面、桌面，切断电源，对茶具及用具分类清洗消毒。

（5）按候客状态摆放好茶桌和物品，做好交班工作后离开。

八、服务注意事项

（1）进入包房前要先敲门，得到允许后方可进入。

（2）服务毕，将门关好后离开。

（3）服务时，注意不要将茶汤洒到客人身上，如果出现此种情况，应及时向客人道歉。

（4）客人对茶有异议时，茶艺员应做出准确、合理的解释。客人提出无理要求时，要心态平和、保持冷静并及时报告领班或经理处理。

（5）在工作时间，任何一名员工在店内看到客人或自己的上级都要礼貌问候。

【典型案例】

张先生是经常到店里来喝茶的客人，通常由茶艺员小李服务。但这次，是由另外一名茶艺员服务的。他点了一份茶后要求额外加一些茶点。在结账时，张先生发现茶点收了附加费，他非常气愤："小李从来没有多收钱。"但按规定应该收费，遇到这样的问题你该如何回答？

（1）非常抱歉，如果小李没有收费，那是她的失误，因为茶单上已标明价格。

（2）我并不知道小李给您有优惠，那就还按原来的价格收取吧。

（3）这是店里的规定，我无权更改，望您谅解。

（4）也许小李是按经理的吩咐做的，我这就与经理联系核实情况。

分析：出现这个问题，是小李犯了严重的错误，破坏了茶楼的规定。问题的出现应从两方面考虑：

（1）要让客人知道这种特殊待遇是不符合规定的。

（2）不应重犯小李犯过的错，而应遵守店内的规定，告诉客人你准备请示经理。客人如果知道这样做是违反规定而又不想连累小李，就会阻止你与经理联系，并且以后不再提这样的要求了。最佳答案为（4）。

九、奉茶礼仪

服务无小事，只有用心去泡每一杯茶，才能让每位客人喝到称心的茶，喝到香味俱佳的茶!

（1）奉茶时，服务人员左手托好托盘，站在客人的右侧。

（2）奉茶前要先轻声说："对不起，打扰一下"，之后用右手将茶杯端至客人的右手边，并说："这是您的茶，请慢用"。

（3）泡茶用杯若是盖碗，应手托杯托，端至客人面前；若是茶杯或玻璃杯，则应手握杯子的下方，忌用手碰触杯口。

（4）应按老幼尊卑的顺序依次奉茶。

（5）为客人斟茶或是续水时，应先说："对不起，为您加点水。"手同样不可碰触杯口。

（6）如果使用较特殊的长嘴大铜壶，要注意不让长壶嘴碰到客人。

（7）斟茶时不能烫到客人。

（8）要在恰当的时候为客人加水，既不能让客人等待时间过长，总是杯中无茶，续水又不能过于频繁。

十、推荐服务用语

（1）欢迎光临。请问一共几位？请跟我来。

（2）先生您好。这个座位你是否满意？

（3）女士您看，临窗的那个座位怎么样？

（4）这有台阶，小心！

（5）先生，现在可以点单吗？

（6）晚上好，欢迎光临××茶店。我们茶店最近推出一项优惠活动，在包房消费满××元，免收包房费。我为大家介绍一下我们茶店的经营特色……

（7）请问您喜欢喝什么茶？我们茶店有……

（8）这是茶单，请您挑选。

（9）真对不起，这种茶刚卖完。××茶口感也很好，您不妨试试。

（10）××茶不错，许多客人用后评价都很好。

（11）对不起先生，刚才您的意思是……

（12）请用茶，这是××茶。

（13）真是抱歉，耽误了您很长时间。

（14）您还需要用些别的吗?

（15）您稍等一下，我马上给您送来。

（16）您喝得好吗?请多提宝贵意见。

（17）谢谢您的帮忙。

（18）现在可以为您结账吗?

（19）真抱歉，您的信用卡我们茶店无法接收。麻烦您用现金结账好吗?

（20）真对不起，请您到外币兑换处换成人民币再结账好吗?

（21）请您在这里签字。

（22）您付的是×元，谢谢。

（23）这是给您的发票和找零。

（24）请您对我们的服务和茶点多提宝贵意见。

（25）谢谢您的建议。

（26）欢迎您下次再来。

（27）先生，请走好。欢迎再次光临。

（28）女士，希望有机会再为您服务。请慢走。

（29）对不起，女士，这是您忘带的东西。

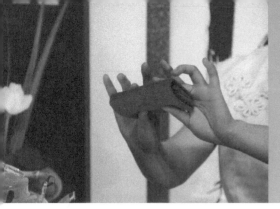

模块12 茶艺服务操作技能

一、茶盘操作要领

通常使用中小型托盘来盛放辅助茶具（茶叶罐、茶荷、茶艺六用等）及茶点、烟灰缸等。

第一步，理盘

1. 根据所托物品选择托盘

2. 洗净擦干

3. 托盘如不防滑，则在盘内垫上洁布，既整洁美观又可避免盘内物品滑动

第二步，装盘

根据物品的形状、大小和使用先后顺序合理装盘：

（1）同时装几种物品时，重物、高物放在托盘的里档，轻物、低物放在外档；先上桌的物品在上、在前，后上桌的物品在下、在后。

（2）茶盘内的物品摆放要横竖成行。

（3）装盘以安全盛放、便于取用为原则。

第三步，托盘

（1）将双手放于茶盘两侧中间部位，大拇指扣住托盘边缘，其余四指托住托盘底部。

（2）小臂与上臂成90度，胳膊肘距腰身10厘米处。

（3）托起茶盘，平托于胸前，略低于胸部。

（1）托盘行走时要头正肩平，上身挺直，两眼柔视前方。

（2）步距均匀，快慢适度，保持平稳。

（3）面部表情要放松、自然。

二、茶巾操作要领

茶巾的叠法：将茶巾铺平、铺正，上下两个长边对折置于中线，左、右短边各对折置于中线后再对折即可。

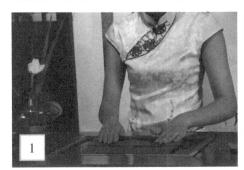

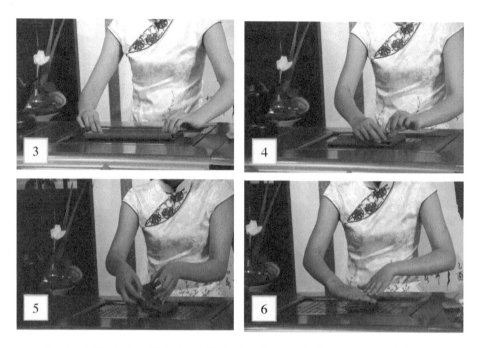

　　茶巾的拿取方法：将折好的茶巾放于茶船中间位置，用右手将上端两侧拿起，托底交于左手。

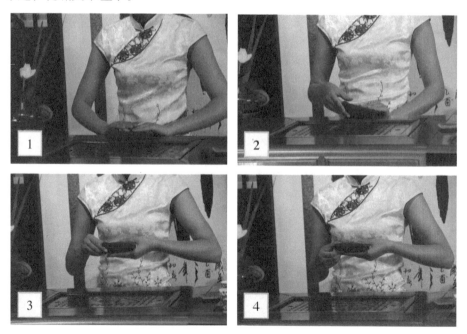

注意事项：

（1）茶巾要清洁、卫生、无异味。

（2）茶巾只用于擦拭茶具及水痕。

（3）将茶巾完整的一面面对客人（寓意将美好的留给客人）。

（4）用后清洗干净即可。

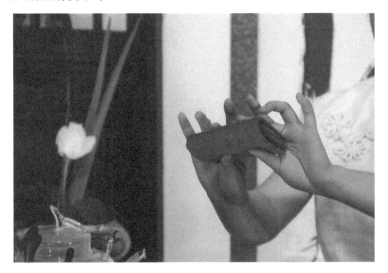

三、茶则的操作手法

（1）用右手拿取茶则柄部中央位置，盛取茶叶。

（2）拿取茶则时，手不能触及茶则上端盛取茶叶的部位。

（3）用后放回时动作要轻。

正确

错误

四、茶匙的操作手法

（1）用右手拿取茶匙柄部中央位置，将茶从茶则中拨至壶中。

（2）拿取茶匙时手不能触及茶匙上端。

（3）用后用茶巾擦拭干净放回原处。

正确

错误

五、茶夹的操作手法

（1）用右手拿取茶夹中央位置，夹取茶杯后在茶巾上擦拭水痕。

（2）拿取茶夹时手不能触及茶夹上部。

（3）夹取茶具时，用力适中，既要防止茶具滑落、摔碎，又要防止用力过大毁坏茶具。

（4）收茶夹时，应用茶巾拭去茶夹上的手迹。

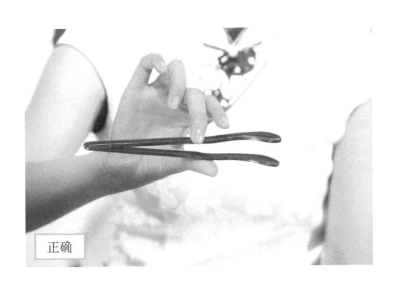

正确

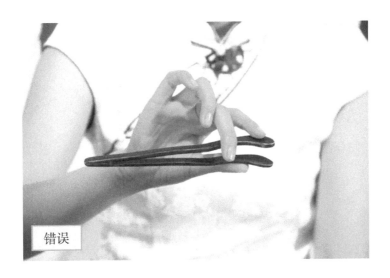

错误

六、茶漏的操作手法

有小把手的茶漏操作手法

无小把手的茶漏操作手法

（1）使用无小把手的茶漏时，用右手拿取茶漏外壁，将其放于茶壶壶口。

（2）使用有小把手的茶漏时，用右手捏住茶漏小把手，将其放于茶壶壶口。

（3）手不能接触茶漏内壁，用后用茶巾擦拭干净。

（4）用后放回固定位置（茶漏不用时挂放于茶夹上）。

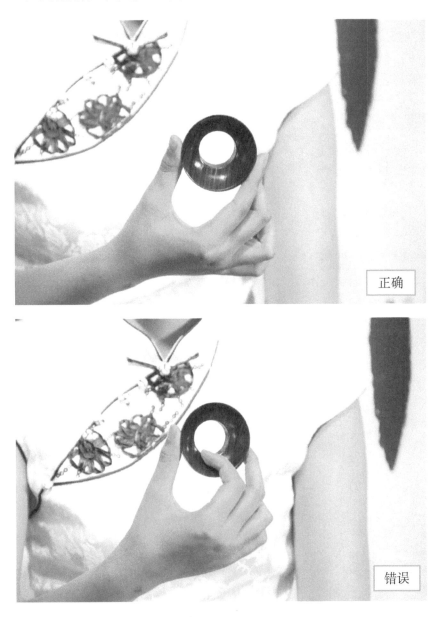

正确

错误

七、茶针的使用手法

（1）右手拿取茶针柄部，用针部疏通被堵塞的茶叶，刮去茶汤浮沫。

（2）拿取时，手不能触及茶针的针部位置。

（3）放回时将茶针擦拭干净后用右手放回。

八、茶叶罐的使用手法

（1）用左手拿取茶叶罐，双手拿住茶叶罐下部，左手中指和食指将罐盖上推打开后交于右手放于茶巾上。左手拿罐用茶则盛取茶叶。

（2）将茶叶罐上印有图案及茶字的一面面对客人。

（3）拿取时，手勿触及茶叶罐内侧。

正确

错误

九、茶荷的操作手法

用左手拿取茶荷，拿取时，拇指与食指拿取两侧，其余手指托起，右手辅助操作。

十、茶壶的操作方法

（1）后提壶的操作手法：用右手拇指、中指从提的上方提起，无名指、小指顶住提的下方，用食指轻按茶盖盖钮。

（2）提梁壶的操作手法：右手拿起壶提，左手轻按盖钮。

后提壶的操作

提梁壶的操作

（3）在放回茶壶时茶嘴勿对客人。

正确

错误

（4）轻按盖钮时勿将钮孔盖住。

正确

错误

十一、茶海的操作手法

无盖后提海的操作手法：拿取时，右手拇指、食指抓住提的上方，中指顶住壶提的中侧，余二指靠拢。

加盖无提海的操作手法：右手食指轻按盖钮，拇指在流的左侧，剩下三指在流的右侧。

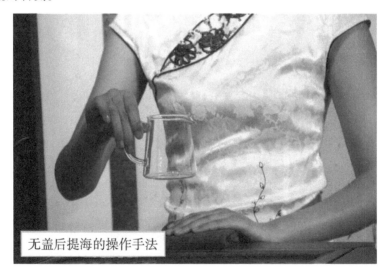

无盖后提海的操作手法

加盖无提海的操作手法

十二、随手泡操作手法

后提壶的操作手法：右手拇指在提的内侧，抵住壶盖，其余四指牢牢握住壶提。

提梁壶的操作手法：以右手五指握住壶提的上方，左手按住壶盖。

后提壶的操作手法

提梁壶的操作手法

十三、杯子的操作手法

小杯以拇指和食指拿住杯缘下1厘米处，中指托杯底，无名指和小指握住与掌心并拢。

大杯以右手握杯，左手托杯底，以右手握杯缘下2厘米处即可。

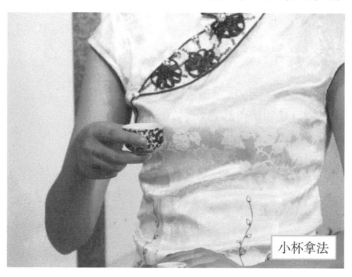

小杯拿法

大杯拿法

十四、杯托的操作手法

（1）介绍茶具时，用双手的拇指、食指指肚扣住杯托上下边缘处，其余三指轻轻托底。

（2）杯托上有字的，字的看面要朝向客人。

（3）提供泡茶服务时如需用到杯托，则右手拇指在内侧，其余四指在外侧，握住杯托放置在指定位置即可。

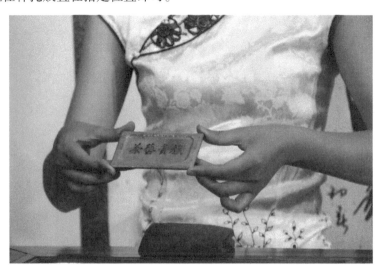

模块13 泡茶前必备知识

　　在提供茶艺服务前，了解茶的分类是十分必要的。因为在一些人的观念中有很多说法都是错误的，这就需要我们的服务人员通过正确的服务将正确的理解展示出来。例如，在很多人看来，绿茶和青茶是一样的，有些客人落座之后要求为自己上一杯青茶，而此青茶非彼青茶，客人想要的其实是绿茶。又如，大家都知道十大名茶中有一种产于湖南岳阳的君山银针，而在花茶中，有一种比较常见的茉莉银针，两者虽然都被称为银针，但品质却相差甚远，一个位列中国十大名茶，香气清淡，味甘醇美；一个则是茉莉窨烘的大众茶品。这两种茶经常会同时出现在茶水单上，客人在点茶时往往不说全称，只说银针，实际上，大多数客人点的银针指的是茉莉银针，只有口味比较特别的客人会点君山银针。服务人员如果不能确定客人点的茶，就不能单是凭自己的理解来为客人上茶。

　　前面我们已经详细讲解了中国十大茶类和十大名茶，请大家再好好复习一下。下面来梳理一下泡茶前的其他必备知识。

一、茶叶的主要成分

那是不是知道了正确的茶叶分类，分得清红、绿、花茶，就可以高枕无忧了呢？当然不是！仅仅知道茶的分类是远远不够的，茶艺工作者还应该了解茶叶的内质，也就是茶叶中所含的主要成分。

根据科学实验，鉴定出茶叶中的化学成分有三百余种，还有不少是未经鉴定出来的。就已知的化学成分而言，大部分都与人体健康与保健有关。茶叶中的数百种成分，它们之间的关系极其复杂，不同成分有不同的作用，各成分之间也有着或互相协调或互相抵消的关系。我们饮茶，大多饮的是开水冲泡的茶汤，是各种成分的混合物或化合物的综合浸出液，与茶叶单一成分的作用也有所不同，因此，饮茶要合宜，泡茶要得法。因人，因地，适时，适量，才是饮茶之道！

茶的鲜叶是由许多化学成分组成的极其复杂的有机体，其包含了75%的水和25%的干物质，而后者又含有93%~96%的有机化合物，以及4%~7%的无机化合物。

有机化合物中的主要成分有：

（1）多酚类化合物：多酚类化合物在茶叶发酵过程中，是氧化酵素的基质，对茶汤水色及滋味的影响很大。它可以强化血管壁，促进胃肠消化，降低血脂，增加身体抵抗力。随着发酵程度的加深，茶叶中的多酚类化合物会逐渐减少。

（2）生物碱：包含咖啡碱、可可碱和茶碱，其中，咖啡碱是影响茶叶品质的主要因素，是强有力的中枢神经兴奋剂，能消除睡意，缓解肌肉疲劳，使感觉更敏锐，运动机能有所提高。

（3）糖类：分为单糖（葡萄糖、果糖）和双糖（蔗糖、麦芽糖），有增加体温，增强免疫力和抗辐射的作用。

（4）蛋白质：脂肪含量少，可补充氨基酸，维持氮的平衡。

（5）维生素：分水溶性维生素和脂溶性维生素，是机体维持正常代谢所必需的一种物质。其中，含量最高的维生素C有着防治坏血病、促使脂肪氧化、排出胆固醇、增加微血管的致密度、减少其渗透性和脆性、防止因血压升高而引起的动脉硬化的作用。

（6）氨基酸：含量不高，种类很多，其中茶氨酸含量最高，其次是人体所必需的赖氨酸、谷氨酸和蛋氨酸。氨基酸可振奋人的精神，适于辅助性治疗心脏性或支气管性狭心症、冠状动脉循环不足和心脏性水肿等病症。

（7）矿物质：茶中含有人体所必需的常量元素如钾、钙、钠、镁和对人体有重要作用的微量元素如铁、锌、铝等。

有了对茶叶的基本了解，再加上正确的冲泡方法，一杯清香四溢的暖茶就可以把盏在握了。

二、饮茶禁忌

酒可醉人，茶亦可"醉"人。

茶叶中含有多种维生素和氨基酸，正常人适当饮茶对身体很有好处。但

如果饮茶过量，不仅对身体无益，甚至可能"醉"人伤身。

饮茶虽好处多多，但也要学会正确科学的饮茶之道：

（1）饭前不宜饮茶：因为这样会冲淡唾液，影响胃液分泌，使人没有食欲，影响人体对食物的消化与吸收。餐前适合喝红茶、普洱茶，但要与吃饭时间相隔半小时。

（2）饭后不能立即喝茶：因为茶中含有较多茶多酚，容易与食物中的铁质、蛋白质等发生凝固作用，影响铁、蛋白质的吸收，易引起贫血。餐后适合喝乌龙茶和绿

茶，但要与吃饭时间相隔半小时。

（3）吃海鲜后不宜喝茶：因为茶中含有的草酸根容易和磷、钙结合形成草酸钙，容易得结石。

（4）四季宜喝之茶：春天适合喝花茶，夏天适合喝绿茶，秋天适合喝乌龙茶（青茶），冬天适合喝红茶。

（5）不要饮冲泡次数过多的茶（一般指绿茶而言）：一杯茶三次冲泡后，90%的营养成分和药理作用已浸出，如继续冲泡，茶叶中的一些微量元素被渗透出来，不利于身体健康。

（6）忌饮冲泡过久的茶：任何一种茶，冲泡都有一定的时间性，才能达到品茶的效果。冲泡过久，茶叶中的茶多酚、维生素、蛋白质等会被氧化，使茶叶变质，直到成为有害物质。时间长了，茶汤中还会滋生细菌，使人致病。

（7）忌空腹饮刺激性较大的茶：空腹饮刺激性较大的茶，易刺激脾胃，使人缺乏食欲、消化不良。

（8）忌饮浓茶：浓茶中茶多酚、咖啡碱的含量高、刺激性强，易引起人体的新陈代谢功能失调，头疼、恶心、失眠。平时没有饮茶习惯的，偶尔饮大量浓茶也会出现不适。

（9）心脏不好的人要慎重饮茶：茶中的生物碱（茶碱、咖啡碱）有兴奋作用，对心脏刺激性加强，使心跳加快。因此，高血压或心脏病患者不宜饮茶。患者可饮一些刺激性小的茶，如普洱茶、红茶等。

（10）失眠的人要慎重饮茶：茶中的咖啡碱兴奋中枢神经，使神经处于兴奋状态，所以，失眠的人不宜饮茶。

（11）空腹或从未喝过茶的人要慎重饮茶：空腹或从未喝过茶的人喝了浓茶后易出现茶醉（心悸、头昏、眼花、心烦），处理办法是大量喝水配合吃甜品。

（12）胃不好的人要慎重饮茶：茶叶中所含的咖啡碱有促进胃液分泌的

作用，能增加胃液浓度。故患有溃疡病的人不宜饮茶，应饮刺激性小的茶，如红茶。

（13）老年人要慎重饮茶：茶叶因性凉苦寒，能伤脾胃。老年人喝茶宜饮热茶，不能喝凉茶。老年人因脾胃功能趋于衰退，故宜饮淡茶，选择茶叶应以红茶和花茶为宜。

（14）神经衰弱的人要慎重饮茶：神经衰弱的人不宜睡前饮茶。

（15）便秘的人要慎重饮茶：便秘的人不宜饮茶。

（16）体质较弱的人要慎重饮茶：体质较弱的人比身体健壮的人更容易"醉"茶，茶"醉"后应马上吃些点心或糖果，可以起到缓解作用。

三、如何辨别茶叶的优劣

各种茶叶都有高级品和劣等货。如乌龙茶有高级的，也有劣等的；绿茶有上等的，也有下等的。所谓好茶、坏茶，是就品质、等级和主观喜恶来说的。不好的茶并不是已经坏了的茶，而是品质较劣的茶。

辨别茶叶的好与坏，一般从赏干茶、闻茶香、品茶味和辨叶底入手。

1. 赏干茶

（1）辨别茶叶的外形。茶叶的外形因种类不同而有各种形态：扁形、针形、螺形、眉形、珠形、球形、半球形、片形、曲形、兰花形、雀舌形、菊花形、自然弯曲形等，各具优美的姿态。

（2）察看干茶的干燥程度，干茶如果有点回软，最好不要买。

（3）察看茶叶的叶片是否整洁，如果有太多的叶梗、黄片、渣末、杂质，则不是上等茶叶。

（4）察看干茶的条索外形。条索是茶叶揉成的形态，任何茶都有它固定的形态规格：龙井茶是剑片状，冻顶茶揉成半球形，铁观音茶紧结成球状，香片则切成细条或者碎条。

不过，光是看干茶，顶多只能看出茶质的三成，并不能马上分辨出好茶与坏茶。

2. 闻茶香

赏茶，只能看出茶叶表面品质的优劣，至于茶叶的香气、滋味则不能够完全体会，所以还要用嗅觉识别茶香。

（1）干茶闻香：将少许干茶放在器皿中或直接抓一把茶叶放在手中，闻一闻干茶的味道，辨别茶香有无烟味、油臭味、焦味或其他异味。

（2）热茶闻香：开汤泡一壶茶，倒出茶汤，趁热打开壶盖，或端起茶杯闻闻茶汤的热香，判断一下茶汤的香型是菜香、花香、果香还是麦芽糖香。综合判断出茶叶的新旧、发酵程度、焙火轻重。

（3）温茶闻香：茶汤温度稍降后，仔细辨别茶汤香味的清浊、浓淡，闻闻中温茶的香气，更能认识其香气特质。

（4）冷茶闻香：等喝完茶汤等茶渣冷却后，更可嗅闻茶的"低温香"或者"冷香"。好的茶叶，有持久的香气。只有香气较高且持久的茶叶，才有余香、冷香，才是好茶。如果是劣等茶叶，香气早已消失殆尽了。

【特别提示】

（1）在茶汤浸泡5分钟左右开始嗅香气。

（2）嗅茶香的过程是：吸（1秒钟）→停（0.5秒钟）→吸（1秒钟），依照这样的方法嗅出的茶的香气是"高温香"。

（3）最适合闻茶香的叶底温度为45~55℃，超过此温度时，会感到烫鼻；低于30℃时，茶香低沉，有些气味如烟气、木气等，很容易随热气挥发而难以辨别。

（4）为了正确判断茶叶香气的高低、长短、强弱、清浊及纯杂等，嗅时应重复一两次，每次3秒钟左右。

（5）嗅闻茶香时间不宜过长，以免因嗅觉疲劳失去灵敏感。

3. 品茶味

茶汤的滋味以微苦中带甘为最佳。

（1）品茶味的方法：舌头可以辨别茶汤口味的好坏，舌根感受苦味，舌尖感受甜味，舌缘两侧后部感受酸味，舌尖与舌缘两侧前部感受咸味，舌心感受鲜味和涩味。

把茶汤吸入口中后，舌尖顶住上层齿根，嘴唇微微张开，舌稍向上抬，让茶汤摊在舌的中部，再用腹部呼吸从口慢慢吸入空气，使茶汤在舌上微微滚动。连续吸气两次后，辨出滋味。

初感茶汤有苦味的，应抬高舌位，把茶汤压入舌根，进一步评定苦的程度。茶汤有烟味的，应把茶汤送入口后，闭合嘴巴，舌尖顶住上颚，用鼻孔吸气，把口腔鼓大，使空气与茶汤充分接触后，再由鼻孔把气放出。这样重复两三次，对烟味的判别效果就很明显。

（2）品茶味的温度：品味茶汤的温度以40~50℃为最适合，如高于70℃，味觉器官容易烫伤，影响正常品味；低于30℃时，味觉品评茶汤的灵敏度较差，且溶解于茶汤中与滋味有关的物质在汤温下降时逐步被析出，汤味由协调变为不协调。

（3）品茶味的量：品味时，每一品茶汤的量以5毫升左右最适宜。过多，满嘴是汤，难于回旋辨味；过少，嘴空，不利于辨别。每次在三四秒钟内，将毫升的茶汤在舌中回旋2次，品味3次即可，也就是一杯15毫升的茶汤分3次喝。

【注意事项】

（1）品味要自然，速度不能快。

（2）吸力不宜大，以免茶汤从齿间隙进入口腔，将齿间的食物残渣吸入口腔与茶汤混合，增加异味。

（3）品味主要是品茶的浓淡、强弱、爽涩、鲜滞、纯杂等。为了真正品出茶的本味，在品茶前最好不要吃有强烈刺激味觉的食物，如辣椒、葱蒜、糖果等，也不宜吸烟，以保持味觉与嗅觉的灵敏度。喝下好的茶汤后，喉咙感觉应是软甜、甘滑，有韵味，齿颊留香，回味无穷。

4. 辨叶底

辨叶底是区分茶叶好坏的最后一步。茶叶叶底中的主要呈色物质是叶绿素、叶黄素、胡萝卜素及红茶色素与蛋白质结合的产物，这些物质不溶于水，泡茶时，它们会残留于茶渣中。

辨叶底主要用眼看、用手指捏，辨认叶底的老嫩、色泽、均匀度、软硬、厚薄，并留意有无掺杂及异常损伤等。

红茶：红茶的叶底是黄红色到红褐色。

绿茶：绿茶的叶底是翠绿色到黄绿色。

乌龙茶：乌龙茶的叶底是绿叶红镶边。

黄茶：黄茶的叶底呈黄色。

黑茶：黑茶的叶底呈黑色。

白茶：白茶的叶底呈黄白色。

四、茶叶的储存及保管

1. 储存条件

（1）应将茶叶存放在干燥、避光、通风好的阴凉处。

（2）存放茶叶的容器密封效果要好。

（3）原味茶与带香味的茶分开存放。

（4）不能和有异味（化妆品、洗涤剂、樟脑精等）的物品存放，要远离操作间、卫生间等有异味的场所。

（5）茶叶的干燥度好，要轻拿轻放。

2. 储存方式

茶叶应由专人保管，定期检查，合理进茶。

（1）专用冰箱存放：一般存放绿茶和轻发酵、中发酵的乌龙茶。存放时，绿茶可采取桶装法和锡纸袋密封装法；乌龙茶可采取真空法、锡纸袋密封法或桶装法。

（2）坛装法：所选用的器皿主要以紫砂和陶瓷制品为主。器皿一定要干燥、无异味、严密程度好。存放时，先将茶叶用宣纸包好，外部再用皮纸包好。在茶叶空隙部位放干燥剂。此法存放红茶、普洱茶效果最佳。

（3）桶装法：可选用纸、铁、陶、锡罐制品。桶一定要干燥、无异味。适合存放任何茶叶。

（4）真空包装法：适用于存放球形、半球形的乌龙茶。

（5）干燥的热水瓶存放：热水瓶避光、密封效果好，所以也是理想的储茶器皿。可将茶叶放入干燥的热水瓶中。

五、泡茶用水

泡茶用水有泉水，山水，河水，井水，雨水之分，都是天然水，另有经人工处理的自来水、蒸馏水等。凡是洁净的水，只要能供人饮用，都可以烧来泡茶，但餐厅用水基本上都是取自来水，烧开后泡茶。

茶的品质能否发挥到极致与泡茶用水关系密切：十分之茶遇八分之水，茶性可为八分；八分之茶遇十分之水，茶性可为十分。

一般来说，泡茶用水分为天泉水、地泉水和现代泡茶用水。

1. 天泉水

李时珍曾在《本草纲目》中指出：立春的雨水泡茶最好，可补脾益气；用草尖上的露水煎茶，可使人皮肤润泽；用鲜花上的露水煎茶，可美容养颜；用雪水煎茶，可解热止渴。

2. 地泉水

（1）山泉水：指岩石层中经千层过滤渗透出的水。这种水泡茶为最好，如杭州龙井茶用虎跑泉的水泡，庐山云雾茶用庐山的泉水泡。

（2）江水：指人烟稀少处、背阴处、水流相对稳定处的江水。如扬子江水泡蒙顶山上茶。

（3）井水：是地层千层过滤渗透出来的水，也是泡茶用水的理想选择。

特别说明：天泉水或地泉水受污染的，不得采用。

3. 现代泡茶用水

（1）自来水：因为加入消毒剂，氯气异味大。可采取煮沸的方法让氯气消失，也可用过滤器过滤，或用沉淀法沉淀。

（2）纯净水、矿泉水：是经工业净化处理的饮用水，为茶艺业广泛选用。面积大的茶艺场所一般选用经过滤器过滤出来的水，也有选用当地泉水泡茶的，如北京玉泉山的水也是非常好的泡茶用水。

六、泡茶要得法

茶叶的种类、等级不同，泡水的量及水的温度不同，茶叶冲泡后浸出的化学成分及茶的风味就有很大差别。一杯理想的茶，既要让茶叶中可溶于水的化学成分充分溢出，又要使各种成分适当协调，这就需要掌握好泡茶的水温及用水量的多少，这样，冲出的茶汤才能味浓甘鲜、汤色清明。

泡好一壶茶有三大要素：茶叶用量适当、泡茶水温适当、浸泡时间适当。

（1）茶叶用量：根据品茶人数、壶的大小、茶的性质、个人喜好（如喜欢喝浓还是喝淡）等因素，决定茶叶用量。

（2）泡茶公式：3克茶+150毫升水=5分钟

（3）泡茶温度：煮得过分滚烫的水，古人称之为"水老"，容易损失茶的有益物质；如果水温过低，俗称"兀透水"，又容易使茶叶浮于水面，茶的有效成分就会渗透不出来，茶味淡薄。一般来说，发酵程度较大的茶叶如普洱茶、岩茶（大红袍，凤凰水仙）、乌龙茶（铁观音）等，宜用95℃的沸水直接冲泡。而对于发酵程度较低，尤其是采摘比较细嫩的名优绿茶，像龙井、碧螺春等，宜用水温偏低的开水，在70℃~80℃皆可，但一定要是将完全烧开的水凉置而成，而不可以在沸水中添加凉水来降低温度。至于品质较普通的大宗红茶、花茶等，可以用90℃左右的开水冲泡。

（4）泡茶时间：泡茶时间与茶叶的老嫩和茶的形态有关。细嫩的茶叶比粗老的茶叶浸泡时间要短；形状松散的、碎形的茶叶比紧压的、紧结的、球形或半球形茶冲泡时间要短；重香气的茶叶如乌龙茶、花茶，不宜久泡；白茶加工时未经揉捻，叶细胞未遭破坏，茶汁不宜渗出，泡茶时间要长。

（5）冲泡次数：冲泡次数与茶的种类、品质和制造工艺有关。

品种	温度	时间	次数	茶具
绿茶	高档绿茶：75~80℃ 大宗绿茶：90℃	3~4分钟	3次 第一次冲泡时可溶性物质能渗出50%~55% 第二次冲泡能浸出30%~35% 第三次冲泡能浸出10%~15%	玻璃杯 玻璃盖碗 瓷壶
乌龙茶	95~100℃	半分钟~1分钟	4~10泡	紫砂壶 盖碗
黄茶	70℃	10分钟	1~2泡	玻璃杯
白茶	70℃	10分钟	1~2泡	玻璃杯
黑茶	100℃的沸水	15秒钟	耐泡	盖碗 紫砂壶
花茶	85~90℃	2~3分钟	3~4泡	盖碗 瓷壶 玻璃杯
袋泡茶	依茶而定	依茶而定	依茶而定	瓷杯

【注意事项】

（1）泡茶前一定要询问客人是喝浓还是喝淡。

（2）要让客人赏茶并说明茶的产地。

（3）要准确把握投放茶叶的量，切勿给客人不确定、不专业的感觉，不能边投放茶叶边看茶叶筒。

（4）将泡茶的时间记在心里，不能边泡茶边看表。

（5）泡茶时要高冲水，目的是让茶叶上下翻滚，让茶汤均匀。

（6）斟茶时要低斟茶，这样才能使茶香不至于流失。

七、茶渣的利用

残茶指泡饮过的茶叶和因种种原因不能饮用的茶叶。其利用方法有：

（1）湿茶叶可去除容器里的腥味和葱味。

（2）擦洗有油腻的锅碗，木、竹桌椅，使物品光洁。

（3）把残茶晒干，铺在潮湿处，能够去潮。

（4）把残茶晒干后，装入枕套充当枕芯，可去头火，对高血压患者、失眠患者有辅疗作用。但易受潮，要经常晾晒。

（5）把茶叶撒在地毯和路毯上，能去灰尘。

（6）把晒干的茶叶放到厕所燃尽，可消除恶臭。

（7）将干的残茶放入鞋垫，可除汗臭味。

（8）手指灼伤后，浸在残茶中，可缓解灼痛感。

（9）吃了葱、蒜等物后，含些茶叶在口中，可消除异味。

（10）擦洗镜子、玻璃、门窗及鞋上的泥污，去污效果好。

（11）放于冰箱中可消除异味。

（12）用茶叶水洗头，能使头发乌黑。

（13）将残茶加热可消除烟味。

模块14 乌龙茶茶艺表演

学会冲泡乌龙茶是作为一名合格茶艺员必须掌握的一项基本技能，是茶艺服务中最具有茶文化底蕴和欣赏价值的服务活动，也是客人了解中国茶文化的窗口。下面以安溪铁观音茶的冲泡为例。

一、操作要点早知道

（1）表演时，口齿清楚，声音柔和，讲普通话。

（2）首先要向客人介绍乌龙茶茶艺表演的茶具及其用途。

（3）温壶时，右手拿随手泡，逆时针方向转两圈，将随手泡中的水倒至壶1/3处即可。

（4）温闻香杯时，将温壶用的水平均分配，倒入各闻香杯。操作时，身体不能倾斜。

（5）赏茶置茶时，要在壶口放茶漏，将茶放置茶荷中，双手拿起茶荷，从右侧供客人观赏。置茶适量均匀。

（6）温润茶叶时，右手拿壶，先往紫砂壶中倒1/3的水。

（7）冲水时，要用从低到高再到低的手法，将壶内充满水。

（8）温杯时，要用茶夹夹取闻香杯，将杯内的水浇在壶身上，使壶内外温度一致。

（9）将泡好的茶均匀倒入闻香杯中，最后将精华分别滴入每一杯中。

（10）分茶、奉茶时注意沾茶巾。

（11）在操作过程中，动作要熟练、连贯。身体不能左右摇摆，目光直视前方，以散点柔视与客人交流。

二、操作注意事项

（1）提供服务前，一定要先检查茶具是否整洁齐全。

（2）泡茶前一定要先征求客人的意见，得到允许后方可泡茶。

（3）根据客人的人数拿取茶具，做到以茶待客，人人平等。

（4）在整个泡茶过程中，以散点柔视的目光待客，语言柔美，面带微笑，动作连贯轻柔。

三、准备泡茶茶具

请说出下列茶具的名称：

四、乌龙茶冲泡流程及标准

请参照书后所附光盘反复练习。

操作程序	技能要求	操作规范
准备	1. 能够根据泡茶要求准备泡茶品种。 2. 能够根据泡茶品种备好泡茶用具。 3. 能够备好泡茶用水。	1. 准备好乌龙茶茶艺表演要用到的安溪铁观音茶。 2. 给茶具消毒，准备好相应的茶具。冲泡乌龙茶所用茶具多以陶制、瓷制为主。 3. 烧开随手泡中的水。
	4. 仪容仪表整洁大方。	4. 操作前要净手，手不能有任何异味，不能戴任何饰物。指甲不宜过长，不涂指甲油。 5. 长发盘起，头帘不能过眉，短发不能过肩。 6. 淡妆上岗。 7. 挺胸收腹，双肩自然下垂，坐凳子的1/3处，手放在茶巾上（左手在下、右手在上），面带微笑，准备迎接宾客的到来。
接待	1. 接待礼仪规范到位。 2. 能够正确运用茶艺服务用语。 3. 能够主动、热情待客。	1. 迎宾员问候客人：您好！欢迎光临××茶艺馆，请问您几位，您是坐包间还是散座？ 2. 面带微笑，语言柔和，口齿清楚。 3. 茶艺师自我介绍：您好！我是××茶艺馆茶艺师李莉。需要我给您介绍一些特色茶吗？

操作 程序	技能要求	操作规范
泡茶演示	1. 能够根据茶的种类掌握水的温度和泡茶时间。 2. 能够正确演示泡茶流程。 3. 能够向客人介绍所泡茶的产地及特点。 4. 能够向客人演示正确闻香品茶的方法。	1. 面带微笑，向客人问好：您好！现在可以为您泡茶了吗？ 2. 双手示意并介绍茶则、茶匙、茶夹、茶漏、茶针等茶艺组合的用途。 3. 用右手示意并介绍随手泡的用途。 4. 示意并介绍茶叶罐的用途。 5. 示意并介绍茶荷的用途。 6. 双手示意茶船的用途。 7. 双手示意并介绍茶垫、茶巾的用途。 8. 双手示意并介绍茶海、滤网的用途。 9. 双手示意并介绍紫砂壶的用途。 10. 双手示意并介绍闻香杯的用途。 11. 双手示意并介绍品茗杯的用途。 12. 摆放茶垫。 13. 佳叶共赏：用茶匙将茶叶拨入茶荷，拿起茶荷，从右至左让客人赏茶。 14. 孟臣净心：右手提随手泡，逆时针转两圈，往紫砂壶中倒入1/3的水。 15. 温盅、温漏网。 16. 乌龙入宫：在紫砂壶口放茶漏，拿起茶荷，用茶针将茶拨至紫砂壶中。 17. 润泽佳茗：右手拿随手泡逆时针转两圈倒水至壶的1/3处。然后将紫砂壶里的水直接倒在茶船上。 18. 悬壶高冲：将随手泡中的热水冲入紫砂壶里。 19. 春风拂面：右手拿茶针拨去紫砂壶茶汤表面的浮沫。 20. 若琛出浴：右手拿茶夹，温品茗杯，然后将品茗杯夹放在茶托上左侧位置处。 21. 内外养身：用右手拿茶夹，夹取闻香杯，用从低到高的手法将杯内的水浇在壶身上，然后将闻香杯夹放在茶托上右侧位置处，即品茗杯旁边。 22. 中和佳茗：将紫砂壶中泡好的茶汤倒入茶海中。 23. 平分秋色：用右手拿茶海往闻香杯里斟茶，每斟一次，就要将茶海蘸一下茶巾。

操作程序	技能要求	操作规范
泡茶演示		24. 敬奉佳茗：即奉茶给客人。 25. 闻香品茗：为客人演示闻香品茗的动作。右手拿起品茗杯，旋转扣在闻香杯上，双手拿起闻香杯，翻转，靠近鼻子嗅闻茶香。再用左手放下闻香杯，用右手拿起品茗杯，观赏汤色，分三口品茶。 26. 向客人示意：您慢用，我随时等候为您服务。
泡茶后的服务	1. 能够准确及时地为客人服务。 2. 能够准确回答客人提出的问题，具有应变的能力。 3. 能做到时时有微笑、处处有爱语。	1. 及时为客人更换随手泡内的水。 2. 及时清理桌面，为客人更换烟缸。 3. 及时更换茶船内的废水。

五、乌龙茶茶艺表演解说词

各位来宾，大家好！今天由我为您奉上乌龙茶茶艺表演。中国是文明古国，礼仪之邦，又是茶的发源地。茶伴随着中华民族走过五千年的历程，与我们的生活更是息息相关。

首先为您介绍茶具

茶则，把茶叶从盛茶用具中取出；

茶匙，辅助将茶从茶则放入壶中；

茶夹，可视为手的延伸，用来夹取闻香杯和品茗杯；

茶漏，可扩大壶口面积，防止茶叶外漏；

茶针，用来拨去茶汤表面的浮沫，疏通壶嘴；

随手泡，用于盛放泡茶用水。

茶叶罐，主要用于盛装茶叶，便于存放保香；

茶荷，我们将茶叶从茶叶罐中取出后放在茶荷中，供大家观赏，便于嗅闻干茶的香气；

茶船，又称水方，用来盛载茶具或不喝的水，在日常服务中，常选用茶船作为泡茶用具，茶艺表演时则选用茶车；

茶巾，用来擦拭茶具上的水痕以及滴落在茶桌上的水痕；

茶垫，用来放置闻香杯和品茗杯；

茶海，又称公道杯，用来盛放泡好的茶汤；

滤网，用来过滤茶渣；

紫砂壶，乌龙茶比较重滋味，宜用紫砂壶冲泡；

闻香杯，用来嗅闻茶香；

品茗杯，用来观赏汤色，品尝味道。

摆放茶垫

佳叶共赏

用茶匙将茶叶拨至茶荷中。请赏茶，今天我们为您选用的是安溪铁观音茶。

孟臣净心

孟臣净心，即温壶，温壶可提升壶的温度，利于茶味析出。慧孟臣是明代著名的制壶名家，后世将上等的紫砂壶称为孟臣壶。

温茶海、温滤网

温闻香杯，润品茗杯

乌龙入宫

将茶拨至壶中。在古代，人们把乌龙茶比作龙，将紫砂壶比作宫殿，以此衬托乌龙茶的价值。

润泽佳茗

我们先往紫砂壶中倒1/3的水，将紧结的茶叶润泡，可使冲泡出的茶汤浓淡均匀。

悬壶高冲

用高冲水、低斟茶的手法使茶叶上下翻滚，可使茶汤浓淡相同。

春风拂面

拨去茶汤表面的浮沫。

若琛出浴

温杯，以提升杯子的温度。若琛乃古代景德镇人，以制茶具而闻名，他制作的茶具美观耐用，小巧玲珑。正宗的若琛茶瓯，将三只小杯叠起来可含于口内而不露。

内外养身

使壶内外的温度保持一致，可使茶的性质更好发挥。

玉液琼汁

乌龙茶素有七泡有余香之称，一泡汤，二泡茶，三泡四泡乃茶之精华。

平分秋色

斟茶入杯。茶斟七分满，留下三分是情谊，蕴含了主人斟茶时人人平等，天下茶人是一家的寓意。

敬奉香茗

奉茶。

闻香品茗

扣杯留香：右手端起品茗杯旋转扣在闻香杯上。

斗转星移：用双手的中指与食指夹取闻香杯，拇指轻扶品茗杯的边缘，倒转放下，如孔雀开屏。

细闻幽香：铁观音属兰花香，香气高而持久，犹如开满百花的幽谷。

三龙护鼎：放下左手，用右手拇指、食指握品茗杯杯沿，中指拖杯底。

鉴赏汤色：安溪铁观音汤色金黄浓艳清澈，叶底肥厚明亮，有绸面光泽。茶汤醇厚甘鲜，入口回甘带蜜味，香气馥郁持久，有"七泡有余香"之誉。

共品香茗：茶分三口品，一口为喝，二口为饮，三口称为品。杯底留香。

乌龙茶茶艺表演到此结束，谢谢大家。

五、模拟练习

实训项目	乌龙茶泡茶操作技能训练
实训要求	1. 掌握泡茶方法。 2. 掌握泡茶操作流程。 3. 掌握泡茶过程中的不同手法。
实训材料	茶船、闻香杯、品茗杯、紫砂壶、茶垫、茶荷、茶叶罐、茶艺用具、随手泡、茶巾
实训内容与步骤	练习1：迎宾礼仪练习 （1）站姿：挺胸收腹，双肩自然下垂，双手放在前胸，左手在下、右手在上。后脑、双肩、臀部、小腿、后脚与墙呈一条直线。进行半小时的形体练习。 （2）坐姿：挺胸收腹，双肩自然下垂，手放在茶巾上，坐椅子的1/3处，进行练习。 （3）普通话练习。 （4）两人一组进行迎宾问候与行走引路相结合的练习。 练习2：操作流程练习 （1）进行茶具的摆放练习。 （2）按操作前的准备→接待→泡茶演示→泡茶后的服务这一流程进行泡茶练习。 练习3：泡茶语言练习 要有韵味，节奏与动作配合，口齿清楚，要把五千年的茶文化通过语言表现出来。
备注	1. 可进行不同场景的模拟练习。 2. 在练习过程中可提出问题进行答辩。 3. 两人一组进行遇客练习和泡茶练习。 4. 可在练习中播放音乐，来调动茶艺员的工作兴趣。

六、职业能力测试

1. 根据所学知识复述迎宾、泡茶操作要点。

2. 根据所学泡茶知识，对泡茶时间进行测试。

3. 根据乌龙茶茶艺表演图示，说出每一张图分别对应哪一操作步骤。

1. _____

2. _____

3. _____

4. _____

5. _____

6. _____

7. _____

8. _____

9. _____

10. _____

11. _____

12. _____

13. _____

14. _____

15. _____

16. _____

17. _____

18. _____

19. _____

20. _____

21. _____

22. _____

23. _____

24. _____

25. _____

26. _____

27. _____

28. _____ 29. _____

模块15　绿茶茶艺表演

绿茶属于不发酵茶，呈绿色，泡出来的茶汤是绿黄色，因此称为"绿茶"。

一、绿茶泡茶用具

绿茶的原料主要为嫩芽嫩叶，选择茶具宜用玻璃杯，让客人直观地看到清汤绿叶在杯中上下飘舞的美，给人一种心旷神怡的感觉。下面以西湖龙井茶的冲泡为例，请指认泡茶用具。

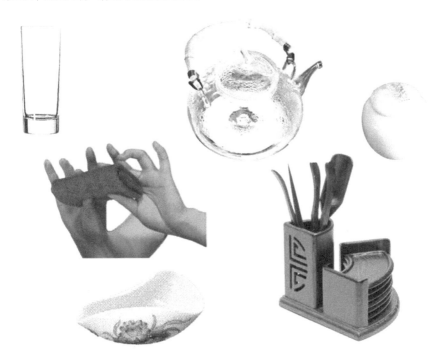

二、绿茶冲泡流程及标准

操作程序	技能要求	操作规范
准备	1. 能够根据泡茶要求准备泡茶品种。 2. 能够根据泡茶品种备好泡茶用具。 3. 能够备好泡茶用水。	1. 准备好绿茶茶艺表演要用到的西湖龙井茶。 2. 给茶具消毒，准备好相应的茶具。冲泡绿茶所用茶具多以玻璃质地的为主。 3. 烧开随手泡中的水。
	4. 仪容仪表整洁大方。	4. 操作前要净手，手不能有任何异味，不能戴任何饰物。指甲不宜过长，不涂指甲油。 5. 长发盘起，头帘不能过眉，短发不能过肩。 6. 淡妆上岗。 7. 挺胸收腹，双肩自然下垂，坐凳子的1/3处，手放在茶巾上（左手在下、右手在上），面带微笑，准备迎接宾客的到来。
接待	1. 接待礼仪规范到位。 2. 能够正确运用茶艺服务用语。 3. 能够主动、热情待客。	1. 迎宾员问候客人：您好！欢迎光临××茶艺馆，请问您几位，您是坐包间还是散座？ 2. 面带微笑，语言柔和，口齿清楚。 3. 茶艺师自我介绍：您好！我是××茶艺馆茶艺师李莉。需要我给您介绍一些特色茶吗？
泡茶演示	1. 能够根据茶的种类掌握水的温度和泡茶时间。 2. 能够正确演示泡茶流程。 3. 能够向客人介绍所泡茶的产地及特点。 4. 能够向客人演示正确闻香品茶的方法。	1. 面带微笑，向客人问好：您好！现在可以为您泡茶了吗？ 2. 双手示意并介绍茶则、茶匙、茶荷等茶艺组合的用途。 3. 用右手示意并介绍随手泡的用途。 4. 示意并介绍茶叶罐的用途。 5. 示意并介绍茶荷的用途。 6. 双手示意茶船的用途。 7. 双手示意并介绍茶巾的用途。 8. 双手示意并介绍玻璃杯的用途。 9. 温杯。

操作程序	技能要求	操作规范
泡茶演示		10. 赏茶置茶：将茶用茶匙拨置茶荷中，双手拿起茶荷从右侧开始让客人赏茶，然后将茶均匀拨至玻璃杯中。 11. 温润茶叶：右手拿随手泡，往玻璃杯中倒1/3的水。 12. 往玻璃杯中高冲水至七分满。 13. 介绍茶叶的产地及特点。 14. 奉茶。 15. 为客人演示闻香品茶的动作。 16. 为客人将随手泡中的水续满，介绍随手泡的使用方法。 17. 向客人示意：您慢用，我随时等候为您服务。
泡茶后的服务	1. 能够准确及时地为客人服务。 2. 能够准确回答客人提出的问题，具有应变的能力。 3. 能做到时时有微笑、处处有爱语。	1. 及时为客人更换随手泡内的水。 2. 及时清理桌面，为客人更换烟缸。

三、绿茶茶艺表演解说词

各位来宾，大家好！今天由我为您奉上绿茶茶艺表演。

首先为您介绍茶具

茶匙，辅助将茶从茶叶罐拨至茶荷中；

随手泡，用于盛放泡茶用水；

茶叶罐，主要用于盛装茶叶，便于存放保香；

茶荷，我们将茶叶从茶叶罐中取出后放在茶荷中，供大家观赏，便于嗅闻干茶的香气；

茶船，又称水方，用来盛载茶具或不喝的水。在日常服务中，常选用茶船作为泡茶用具，茶艺表演时则选用茶车；

茶巾，用来擦拭茶具上的水痕以及滴落在茶桌上的水痕；

玻璃杯，绿茶的原料主要为嫩芽嫩叶，宜选用玻璃杯冲泡。

沐浴温杯

温杯，是使杯身的温度提高，放入茶叶后能使茶香更好地发挥。冲泡绿茶多选用玻璃杯，可清晰看到茶在杯中上下翻飞、翩翩起舞的仙姿。冲泡绿茶水温不宜过高，应掌握在80℃~85℃。

精选香茗

将茶叶拨至茶荷中，请赏茶。今天为大家选用的是产自浙江省杭州市的西湖龙井茶。

佳茗入杯

将茶叶均匀拨入玻璃杯中。

水中茶舞

温润泡，此时的茶芽已渐渐舒展，龙井特有的板栗香已慢慢飘出。

凤凰三点头

用高冲水的手法冲水至杯的七分满。在冲水的过程中，有节奏地三起三落，这种冲水的技法我们称之为"凤凰三点头"，以此手法向来宾表达再三恭敬之意。

冲泡绿茶需两三分钟的时间，在此为大家介绍龙井茶的特点

"上有天堂，下有苏杭"，西湖龙井茶是素有人间天堂之称的杭州市的名贵特产。龙井茶一向以"色绿、香高、味甘、形美"四绝著称。它形似碗钉，光扁平直，色略黄似糙米，滋味甘鲜醇和，香气优雅，汤色碧绿，叶底细嫩成朵。在清明前采制的龙井茶，称为明前龙井，是龙井茶中的极品。

奉茶敬客

喜闻幽香

请大家和我一起端起杯，细闻茶叶散发出来清新的香气。

共品香茗

细细品味茶的美。

做茶完毕，谢谢大家观赏。

四、模拟练习

实训项目	绿茶泡茶操作技能训练
实训要求	1. 掌握泡茶方法。 2. 掌握泡茶操作流程。 3. 掌握泡茶过程中的不同手法。

实训项目	绿茶泡茶操作技能训练
实训材料	茶船、玻璃杯、茶荷、茶叶罐、茶艺用具、随手泡、茶巾
实训内容与步骤	练习1：迎宾礼仪练习 （1）站姿：挺胸收腹，双肩自然下垂，双手放在前胸，左手在下、右手在上。后脑、双肩、臀部、小腿、后脚与墙成一条直线。进行半小时的形体练习。 （2）坐姿：挺胸收腹，双肩自然下垂，手放在茶巾上，坐椅子的1/3处，进行练习。 （3）普通话练习。 （4）两人一组进行迎宾问候与行走引路相结合的练习。 练习2：操作流程练习 （1）进行茶具的摆放练习。 （2）按操作前的准备→接待→泡茶演示→泡茶后的服务这一流程进行泡茶练习。 练习3：泡茶语言练习 要有韵味，节奏与动作配合，口齿清楚，要把五千年的茶文化通过语言表现出来。
备注	1. 可进行不同场景的模拟练习。 2. 在练习过程中可提出问题进行答辩。 3. 两人一组进行遇客练习和泡茶练习。 4. 可在练习中播放音乐，来调动茶艺员的工作兴趣。

五、职业能力测试

1. 根据所学知识复述迎宾、泡茶操作要点。

2. 根据所学泡茶知识，对泡茶时间进行测试。

3. 根据绿茶茶艺表演图示，说出每一张图分别对应哪一操作步骤。

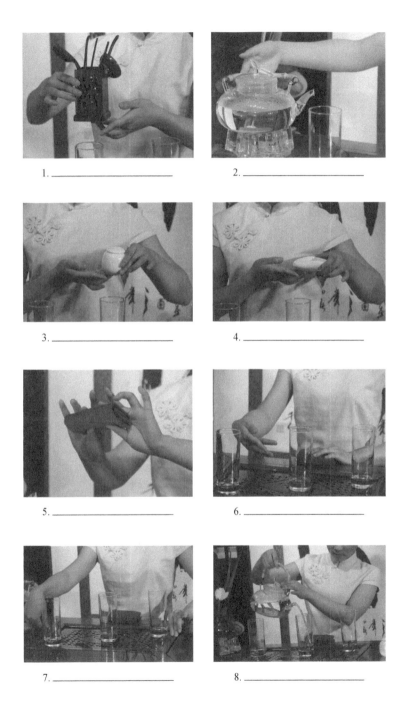

1. _____

2. _____

3. _____

4. _____

5. _____

6. _____

7. _____

8. _____

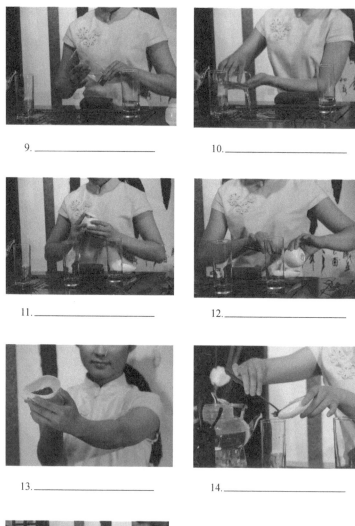

9. _____   10. _____

11. _____   12. _____

13. _____   14. _____

15. _____

16.＿＿＿＿＿＿＿＿＿＿＿

17.＿＿＿＿＿＿＿＿＿＿＿

18.＿＿＿＿＿＿＿＿＿＿＿

19.＿＿＿＿＿＿＿＿＿＿＿

20.＿＿＿＿＿＿＿＿＿＿＿

21.＿＿＿＿＿＿＿＿＿＿＿

22.＿＿＿＿＿＿＿＿＿＿＿

模块16　花茶茶艺表演

花茶是以茶叶与花窨制而成，茶吸收了花的香味，所以花茶既有花香又有茶味，被喻为既是香味芬芳的饮料又是高雅的艺术品。

下面以茉莉花茶的冲泡为例，请指认泡茶用具。

一、花茶泡茶用具

二、花茶冲泡流程及标准

操作 程序	技能要求	操作规范
准备	1. 能够根据泡茶要求准备泡茶品种。 2. 能够根据泡茶品种备好泡茶用具。 3. 能够备好泡茶用水。	1. 准备好绿茶茶艺表演要用到的茉莉花茶。 2. 给茶具消毒，准备好相应的茶具。冲泡花茶宜用盖碗。 3. 烧开随手泡中的水。
	4. 仪容仪表整洁大方。	4. 操作前要净手，手不能有任何异味，不能戴任何饰物。指甲不宜过长，不涂指甲油。 5. 长发盘起，头帘不能过眉，短发不能过肩。 6. 淡妆上岗。 7. 挺胸收腹，双肩自然下垂，坐凳子的1/3处，手放在茶巾上（左手在下、右手在上），面带微笑，准备迎接宾客的到来。
接待	1. 接待礼仪规范到位。 2. 能够正确运用茶艺服务用语。 3. 能够主动、热情待客。	1. 迎宾员问候客人：您好！欢迎光临××茶艺馆，请问您几位，您是坐包间还是散座？ 2. 面带微笑，语言柔和，口齿清楚。 3. 茶艺师自我介绍：您好！我是××茶艺馆茶艺师李莉。需要我给您介绍一些特色茶吗？
泡茶 演示	1. 能够根据茶的种类掌握水的温度和泡茶时间。 2. 能够正确演示泡茶流程。 3. 能够向客人介绍所泡茶的产地及特点。 4. 能够向客人演示正确闻香品茶的方法。	1. 面带微笑，向客人问好：您好！现在可以为您泡茶了吗？ 2. 双手示意并介绍茶艺组合的用途。 3. 用右手示意并介绍随手泡的用途。 4. 用左手示意并介绍茶叶罐的用途。 5. 用左手示意并介绍茶荷的用途。 6. 双手示意茶船的用途。 7. 双手示意并介绍茶巾的用途。 8. 用右手示意并介绍盖碗的用途。 9. 温杯：右手拿随手泡，往盖碗中倒1/3的水。

操作程序	技能要求	操作规范
泡茶演示		10. 赏茶置茶：将茶用茶匙拨置茶荷中，双手拿起茶荷从右侧开始让客人赏茶，然后将茶均匀拨至盖碗中。 11. 高冲水至盖碗七分满。 12. 介绍茶叶的产地及特点。 13. 奉茶。 14. 为客人演示闻香品茶的动作。 15. 为客人将随手泡中的水续满，介绍随手泡的使用方法。 16. 向客人示意：您慢用，我随时等候为您服务。
泡茶后的服务	1. 能够准确及时地为客人服务。 2. 能够准确回答客人提出的问题，具有应变的能力。 3. 能做到时时有微笑、处处有爱语。	1. 及时为客人更换随手泡内的水。 2. 及时清理桌面，为客人更换烟缸。 3. 及时处理客人提出的问题。

三、花茶茶艺表演解说词

各位来宾，大家好！今天由我为您奉上花茶茶艺表演。

1. 首先为您介绍茶具

茶匙，辅助将茶从茶叶罐拨至茶荷中；

随手泡，用于盛放泡茶用水；

茶叶罐，主要用于盛装茶叶，便于存放保香；

茶荷，我们将茶叶从茶叶罐中取出后放在茶荷中，供大家观赏，便于嗅闻干茶的香气；

茶船，又称水方，用来盛载茶具或不喝的水。在日常服务中，常选用茶船作为泡茶用具，茶艺表演时则选用茶车；

茶巾，用来擦拭茶具上的水痕以及滴落在茶桌上的水痕；

盖碗。

2. 温盏涤器

将盖碗升温，有利于茶汁浸出。盖碗，又称三才杯，分盖、杯身、杯托三部分，冲泡花茶一般要用三才杯。茶杯的盖代表天，杯托代表地，中间的茶杯代表人。茶人认为，茶是"天涵之，地载之，人育之"的灵物。泡茶的过程象征着天、地、人三才合一，共同化育出茶。

3. 鉴赏香片

将茶拨至茶荷中。请赏茶，今天为您冲泡的是茉莉花茶。

4. 执权投茶

将茶均匀适度地拨入杯中。

5. 温茗展芽

先将茶芽温润舒展，可使冲泡的茶汤浓淡均匀。

6. 高山流水

用高冲的手法冲水至盖碗的反边处。那晶莹的水线仿佛让人置身于南方特有的风景中。

7. 介绍茶叶的特点

泡茉莉花茶需两三分钟时间，借此机会让我为大家介绍茉莉花茶的特点。茉莉花茶属于绿茶的再加工工艺茶，又称香片。集茶叶与茉莉花香于一体，茶吸花香花增茶味，既有浓郁的茶味，又有鲜灵持久花的芬芳。

8. 敬奉佳茗

9. 闻香品茶

品花茶时，男女的品饮动作有别：

女士，请大家和我一起用右手端杯拖交于左手，右手揭盖闻香，观色，品茶。

男士，则只用右手，先拨动茶汤的浮抹，然后用右手将杯身及杯盖端起饮用。

花茶茶艺表演到此结束，谢谢大家！

四、模拟练习

实训项目	花茶泡茶操作技能训练
实训要求	1. 掌握泡茶方法。 2. 掌握泡茶操作流程。 3. 掌握泡茶过程中的不同手法。
实训材料	茶船、盖碗、茶荷、茶叶罐、茶艺用具、随手泡、茶巾

实训项目	花茶泡茶操作技能训练
实训内容 与步骤	练习1：迎宾礼仪练习 （1）站姿：挺胸收腹，双肩自然下垂，双手放在前胸，左手在下、右手在 　　　上。后脑、双肩、臀部、小腿、后脚与墙成一条直线。进行半小时的 　　　形体练习。 （2）坐姿：挺胸收腹，双肩自然下垂，手放在茶巾上，坐椅子的1/3处，进 　　　行练习。 （3）普通话练习。 （4）两人一组进行迎宾问候与行走引路相结合的练习。 练习2：操作流程练习 （1）进行茶具的摆放练习。 （2）按操作前的准备→接待→泡茶演示→泡茶后的服务这一流程进行泡茶 　　　练习。 练习3：泡茶语言练习 要有韵味，节奏与动作配合，口齿清楚，要把五千年的茶文化通过语言表 现出来。
备注	1. 可进行不同场景的模拟练习。 2. 在练习过程中可提出问题进行答辩。 3. 两人一组进行遇客练习和泡茶练习。 4. 可在练习中播放音乐，来调动茶艺员的工作兴趣。

五、职业能力测试

1. 根据所学知识复述迎宾、泡茶操作要点。

2. 根据所学泡茶知识，对泡茶时间进行测试。

3. 根据花茶茶艺表演图示，说出每一张图分别对应哪一操作步骤。

1. _____

2. _____

3. _____

4. _____

5. _____

6. _____

7. _____

8. _____

9.

10. _____

11. _____

12. _____

13. _____

14. _____

15. _____

16. _____

17. _____

18. _____

19. _____

20. _____

21. _____

22. _____

23. _____

模块17 红茶茶艺表演

红茶外形条索紧细纤秀，内质香高色艳味醇，所以采用瓷壶冲泡法。下面以祁门红茶的冲泡为例，请大家先指认泡茶用具。

一、红茶冲泡用具

二、红茶泡茶操作流程

操作程序	技能要求	操作规范
准备	1. 能够根据泡茶要求准备泡茶品种。 2. 能够根据泡茶品种备好泡茶用具。 3. 能够备好泡茶用水。	1. 准备好绿茶茶艺表演要用到的祁门红茶。 2. 给茶具消毒，准备好相应的茶具。冲泡红茶宜用瓷壶、瓷杯。 3. 烧开随手泡中的水。
	4. 仪容仪表整洁大方。	4. 操作前要净手，手不能有任何异味，不能戴任何饰物。指甲不宜过长，不涂指甲油。 5. 长发盘起，头帘不能过眉，短发不能过肩。 6. 淡妆上岗。 7. 挺胸收腹，双肩自然下垂，坐凳子的1/3处，手放在茶巾上（左手在下、右手在上），面带微笑，准备迎接宾客的到来。
接待	1. 接待礼仪规范到位。 2. 能够正确运用茶艺服务用语。 3. 能够主动、热情待客。	1. 迎宾员问候客人：您好！欢迎光临××茶艺馆，请问您几位，您是坐包间还是散座？ 2. 面带微笑，语言柔和，口齿清楚。 3. 茶艺师自我介绍：您好！我是××茶艺馆茶艺师李莉。需要我给您介绍一些特色茶吗？
泡茶演示	1. 能够根据茶的种类掌握水的温度和泡茶时间。 2. 能够正确演示泡茶流程。 3. 能够向客人介绍所泡茶的产地及特点。 4. 能够向客人演示正确闻香品茶的方法。	1. 面带微笑，向客人问好：您好！现在可以为您泡茶了吗？ 2. 双手示意并介绍茶则、茶匙、茶夹、茶漏、茶针等茶艺组合的用途。 3. 用右手示意并介绍随手泡的用途。 4. 用左手示意并介绍茶叶罐的用途。 5. 用左手示意并介绍茶荷的用途。 6. 双手示意茶船的用途。 7. 双手示意并介绍茶巾的用途。 8. 双手示意并介绍茶垫的用途。 9. 双手示意并介绍茶海的用途。 10. 用右手示意并介绍滤网的用途。 11. 双手示意并介绍瓷壶的用途。 12. 用右手示意并介绍品茗杯的用途。 13. 放置茶垫。

操作程序	技能要求	操作规范
泡茶演示		14. 温杯：右手拿随手泡，往品茗杯中倒1/3的水。 15. 温茶海、温滤网。 16. 赏茶置茶：将茶用茶匙拨置茶荷中，双手拿起茶荷从右侧开始让客人赏茶，然后将茶均匀拨至泡茶的壶中。 17. 高冲水至茶壶七分满。 18. 介绍茶叶的产地及特点并温品茗杯。 19. 斟茶。 20. 奉茶。 21. 为客人将随手泡中的水续满，介绍随手泡的使用方法。 22. 向客人示意：您慢用，我随时等候为您服务。
泡茶后的服务	1. 能够准确及时地为客人服务。 2. 能够准确回答客人提出的问题，具有应变的能力。 3. 能做到时时有微笑、处处有爱语。	1. 及时为客人更换随手泡内的水。 2. 及时清理桌面，为客人更换烟缸。 3. 及时处理客人提出的问题。

三、红茶茶艺表演解说词

各位来宾，大家好！今天由我为您奉上红茶茶艺表演。

首先为您介绍茶具

茶匙，辅助将茶从茶叶罐拨至茶荷中；

茶漏，可扩大壶口面积，防止茶叶外漏；

随手泡，用于盛放泡茶用水。

茶叶罐，主要用于盛装茶叶，便于存放保香；

茶荷，我们将茶叶从茶叶罐中取出后放在茶荷中，供大家观赏，便于嗅闻干茶的香气；

茶船，又称水方，用来盛载茶具或不喝的水；

茶巾，用来擦拭茶具上的水痕以及滴落在茶桌上的水痕；

茶垫，用来放置闻香杯和品茗杯；

茶海，又称公道杯，用来盛放泡好的茶汤；

滤网，用来过滤茶渣；

瓷壶，红茶外形条索紧细，纤秀，内置香高，色艳，味醇，宜用瓷壶沏泡。

品茗杯，用来观赏汤色，品尝味道。

放置茶垫

温壶洁具

饮茶之前要先温壶，这样可以提升壶身的温度，使茶汤均匀。

温茶海、温漏网、温杯

鉴赏佳茗

用茶则盛取茶叶请客人赏茶，今天为您冲泡的是祁门红茶。

置茶入宫

将茶均匀地拨至瓷壶中。

冲水润芽

用高冲法，冲水至七分满，可使茶叶上下翻滚，茶汤浓淡均匀。

祁门红茶香气清高持久，似果香又似兰花香。国际市场上把这种香气叫做"祁门香"。祁门红茶汤色红艳，明亮，滋味醇厚，回味隽永。

茶润香馨

将泡好的茶汤倒入茶海中，散发出茶的芬芳。

分茶入杯

茶斟七分满，留下三分是情意。我国自古就有茶七酒八饭满之说，茶满逐客，酒满敬人。

敬奉佳茗

做茶完毕，谢谢大家！

四、模拟练习

实训项目	红茶泡茶操作技能训练
实训要求	1. 掌握泡茶方法。 2. 掌握泡茶操作流程。 3. 掌握泡茶过程中的不同手法。
实训材料	茶船、瓷壶、品茗杯、茶荷、茶叶罐、茶艺用具、随手泡、茶巾

实训项目	红茶泡茶操作技能训练
实训内容 与步骤	练习1：迎宾礼仪练习 （1）站姿：挺胸收腹，双肩自然下垂，双手放在前胸，左手在下、右手在上。后脑、双肩、臀部、小腿、后脚与墙成一条直线。进行半小时的形体练习。 （2）坐姿：挺胸收腹，双肩自然下垂，手放在茶巾上，坐椅子的1/3处，进行练习。 （3）普通话练习。 （4）两人一组进行迎宾问候与行走引路相结合的练习。 练习2：操作流程练习 （1）进行茶具的摆放练习。 （2）按操作前的准备→接待→泡茶演示→泡茶后的服务这一流程进行泡茶练习。 练习3：泡茶语言练习 要有韵味，节奏与动作配合，口齿清楚，要把五千年的茶文化通过语言表现出来。
备注	1. 可进行不同场景的模拟练习。 2. 在练习过程中可提出问题进行答辩。 3. 两人一组进行遇客练习和泡茶练习。 4. 可在练习中播放音乐，来调动茶艺员的工作兴趣。

五、职业能力测试

1. 根据所学知识复述迎宾、泡茶操作要点。

2. 根据所学泡茶知识，对泡茶时间进行测试。

3. 进行红茶泡茶用具拿取手法的练习。

4. 根据红茶茶艺表演图示，说出每一张图分别对应哪一操作步骤。

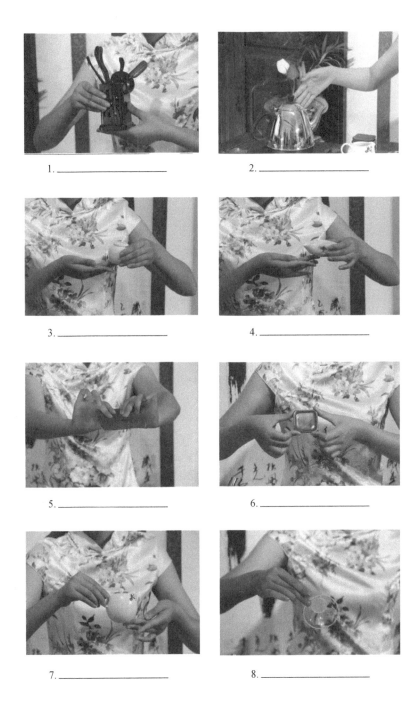

1. _____

2. _____

3. _____

4. _____

5. _____

6. _____

7. _____

8. _____

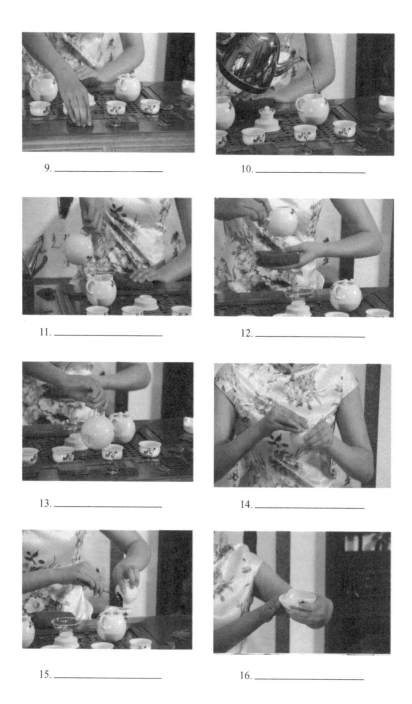

9. _____

10. _____

11. _____

12. _____

13. _____

14. _____

15. _____

16. _____

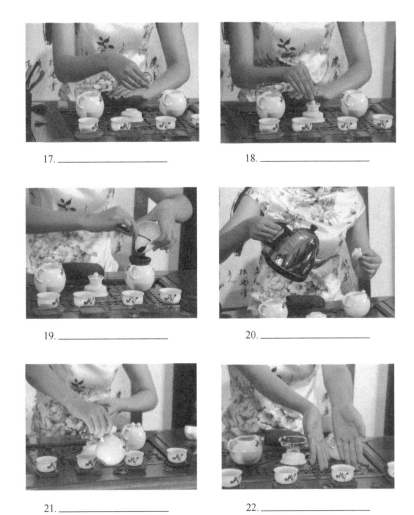

17. _____

18. _____

19. _____

20. _____

21. _____

22. _____

模块18　餐茶服务

在我国沿海地区，盛行喝餐前茶，即早餐茶或早午茶。客人进入茶楼后，先点上一杯香茶，再佐以可口精美的点心，或是独酌，或是会友，或是洽谈，都是极佳的去处。

而今，随着品茶作为一种文化越来越大众化，餐前茶已不局限于早餐茶，而是一日三餐，餐餐饮茶，餐餐谈茶，餐餐有不同的茶。在大众餐馆，除菜单之外，茶单也越来越多地出现在人们的视野中，大厅的餐茶服务、包间的餐茶服务，日益成为专业茶馆服务在餐厅的延伸，茶艺师这一工种甚至出现在了各类餐厅中。

一、餐茶服务准备

只有有备才能无患。要泡好一杯茶，准备工作是关键。

1. 检查仪容仪表是否标准、规范

男服务员

（1）头发理得干净利落，不留长发或怪异的发型。

（2）不蓄须。

（3）勤洗澡、勤洗发、勤换工作服。

（4）不留长指甲。

（5）上岗前不吃带刺激性的食物，不在上岗前吸烟。

女服务员

（1）头发梳理整齐，长发束起，短发理顺。

（2）可化淡妆。

（3）尽量不用味道浓重的香水或化妆品。

（4）不留长指甲或染指甲。

（5）不佩戴过于烦琐的饰物。

（6）手上不涂抹香气过重的护肤品，以免影响茶叶的品质。

2. 点查茶叶品种是否齐全

从时间上讲，准备工作应在正式开餐前半个小时进行，内容包括检查茶叶是否配备齐全，茶具是否整洁，热水是否备好等。

有的餐厅是将若干品种的茶叶列于茶水单上，客人落座后照单点茶；有的餐厅是将所备茶叶如数放在手推车上，推到客人桌旁，请客人很直观地选茶。无论采用哪种点茶方式，茶叶的配备都要齐全。

按照茶叶的大类，每类茶备一两种茶叶，并有品质高低之分，这样既能满足大众所需，又能照顾到个别人的特殊口味。

每个人可能都要喝茶，却不是每个人都会喝茶。像一杯普通的茉莉花茶，冲泡之后汤色橙黄，香甜中透出一种玉兰花的淡淡苦涩来，有些客人就中意此味，认为唯有此茶方能满口留香、刮油去腻；若是换成纯用茉莉花窨制而成的花茶，反倒会觉得味道过于淡薄，用北京话说就是"没劲儿"。实际上，无论从茶叶的基茶（没窨花之前的绿茶）、内质（窨花所用的花及窨烘次数）讲，还是从香气、味道讲，纯用茉莉花窨制而成的花茶较为优质。

正所谓众口难调，要想让每个人都能品尝到自己中意的茶品，必须尽可能备足各类茶叶。

3. 备好热水

餐厅一般都设有开水机，可直接打出热水来，但餐前茶服务人员还是应预先打好两三壶热水备用。前面已经讲到，一些茶叶因其品质较为细嫩，不宜用沸水直接冲泡，而将热水打到暖水瓶里，再用来冲泡，就不会破坏茶叶内的有效成分。

4. 检查茶具

如果条件允许，餐厅应备有瓷壶、盖碗（多为白色，也有绘制花色的）、玻璃杯这三种基本茶具。沏泡名优绿茶应选用玻璃杯，闻香、观色，一目了然；沏泡其他茶类，可用瓷壶或盖碗。如果一桌客人所点之茶只有一种，就可以冲泡一壶，再逐一斟入配套的茶杯内；若是同桌客人各有所点，就改用盖碗，人奉一杯，各得其所。每次开餐前检查茶具是否洁净，有无茶渍、水渍，有无破损……只有将准备工作做好，在为客人服务时才能应付自如，不慌不忙。

二、点茶服务

1. 适时点茶

客人进入餐厅，由领位员引领到餐桌旁就座，值台服务员会为客人递上香巾，展开口布，并询问客人所需饮品。一般情况下，客人会先点上一杯茶。这时候，茶水服务员应快步上前，或是递茶水单，或是将装有茶叶的手推车推至客人桌旁，并主动介绍餐厅所备茶叶品种、名称及特点等以供客人参考。

也有的餐厅，在大厅专门辟出一块地方，供茶艺服务用，茶艺服务员就坐在操作台后。客人就座后，茶艺服务员奉上茶单，客人点茶后，所有的泡茶服务都在操作台上完成，茶艺服务员将泡好的茶端至餐桌上即可。在包间的餐茶服务稍有不同，后面再详细介绍。

2. 知识准备

点茶的关键是要事先熟记茶叶的基本知识，这样在为客人提供点茶服务时才能应答如流。客人可能会直接点茶，也可能会先询问，听过介绍后再点茶，这就要求茶水服务人员熟记茶叶基本知识，并对餐厅所用茶叶的品种、特性，甚至与茶有关的传说、典故等了如指掌。

3. 合理推销

帮助客人点茶时，要做到适度得当，不可喧宾夺主。在介绍过程中要学会运用一些推销的小技巧。

如果客人有固定的口味，基本不用茶水服务人员做过多的介绍或是建议，如果执意改变客人的口味，建议客人做新的尝试，往往会适得其反、弄巧成拙；如果客人对品茶没什么特别的要求，哪种茶都想试试，茶水服务人员就可以适当给客人一些小提议。

（1）早餐前：建议客人选用发酵程度高、刺激性小的茶来饮用，例如全发酵的红茶，后发酵的普洱茶等。因为早餐是人们经过一夜休息后的第一餐，一整夜未进食，肠胃刚刚开始工作，这时候若是饮用刺激性的茶，肠胃会感觉不适，甚至会反胃、恶心。而红茶、普洱茶等因其茶性温暖，没有刺激性，则不会有太明显的不适感。

（2）午餐：午餐时间是人们摄入食物、补充能量，休整身心的时间，建议客人在餐后饮一些花茶或绿茶。绿茶含有丰富的维生素和氨基酸，午餐后稍作休息，饮上一杯清香的绿茶，会感觉精神为之一振，困乏全消。而花茶因其特有的茉莉花香，同样能安神，养精，使人振奋。

（3）晚餐：晚餐后人们运动量较小，喝杯刺激性较弱的乌龙茶，既品了香茶又帮助消化。

总的来说，红茶、普洱茶一日三餐都可饮用，绿茶则应在餐后稍事休息后再喝，乌龙茶、花茶等视个人喜好，在餐后饮用。

三、泡茶服务

（1）服务及时：客人点过茶后，茶水服务人员要在最短的时间内将客人所点之茶泡好，端至客人桌上。

（2）取茶适量：冲泡茶叶时应用专业的茶勺量取。一般而言，盖碗或玻璃杯的茶叶用量以将茶叶置入杯内，盖住杯底即可；瓷壶的茶叶用量多些，以茶叶盖住壶底为宜。

（3）水量适宜：餐厅的泡茶器皿比较单一，通常是盖碗，人奉一杯，或是瓷壶。在用盖碗沏泡茶时，水倒七分满，切不可把水斟得满满的，要知道"茶满欺客"的道理。用瓷壶时，同样不可以注入很满的水，如果水倒得太满，用壶斟茶时就会溢出来，既不雅观，也不礼貌。

（4）泡茶得法：一般人的泡茶方法是先放上茶叶，再冲上热水。其实，专业的做法是，置茶后最好先将茶叶温润泡，即俗称的洗茶，也就是先往茶杯中倒入1/2的水，冲泡一下茶叶，即刻将水倒出，再加水至七分满，将如此泡出来的茶汤端至客人面前时，就已经是清香扑鼻、汤色澄亮了。先用水冲泡一下茶叶，可使干燥的茶叶顷刻湿润，半球形的茶叶茶球会因此变得松软，再次注水，茶叶内的各种物质便会纷纷浸出。未曾品啜先闻香，方为好茶一杯。

四、续水服务

1. 掌握续水的时机

为客人上过茶后，茶水服务人员应退至一旁，时刻注意客人的饮茶情况。当杯中茶水剩1/3时，应即刻为客人续上热水。若是用瓷壶冲泡茶叶，一般是依次斟过一桌茶后，就应续水了。

2. 掌握续水的技巧

续水，看似简单甚至有些乏味，但真正做起来却要掌握一些服务上的小技巧。

（1）两人服务式：最好的工作方式就是分工协作：一人负责备茶具和点茶，在服务间隙准备热水，并随时点查茶杯数量；一人专门负责续水。一般来说，刚刚上完茶、菜还没上桌之前，客人品饮得较快，茶水服务人员要随时为客人添加热水，不要使客人手捧空杯，无茶可品；等到菜全部上齐后，客人开始用餐，饮茶的速度会慢下来，服务员可酌情减少续水的次数；客人用餐完毕会稍作休息，这时续上一杯温度适中的茶，一定会让客人唇齿留香。

（1）一人服务式：如果餐厅只有一个茶水服务员，建议在开餐前将准备工作做得更充分些，可以多备些热水、茶杯。开餐后，要会利用时间，为客人上茶时可以将加水的壶一起放在托盘里。先给客人上茶，顺便给周围几桌的客人续水，这样可以省去在餐厅里走来走去的工夫。千万不要小看这1分钟或几十秒钟，不安排得当，就算客人不多，也会应接不暇。

（3）用长嘴大铜壶续水：用长嘴大铜壶为客人上茶，是将放有茶叶的盖碗先行放在客人面前，再由专业服务员当着客人的面冲泡，续水时亦是如此。该壶嘴长壶沉，加上水后很坠手，用此壶续水需经专业训练。服务人员要掌握好冲水时的位置，壶与盖碗的距离以及提壶的弧度。若手法不娴熟，极易使热水溅出而烫到客人。续水时，不是把水倒入杯中就可以了，而要刚好七分满，既不可让水溢出杯口，又不可茶斟一半，可谓台上一分钟，台下十年功。

3. 茶叶的保管

在有限的条件下，尽量保持每种茶叶的品质不受影响：

（1）不用手直接接触茶叶，量取茶叶时应用专业的茶勺。

（2）每次取完茶叶后应及时将茶叶罐的盖子盖上，减少空气对茶叶的氧化。

（3）随时掌握茶叶存量，当存储的茶叶少于1/3时应及时补充。

（4）补充茶叶时应先将筒内所剩茶叶倒出，填入新茶后，再将倒出的茶叶放在上面。这样可以保持茶叶的新鲜度，不会使筒内的茶叶越积越陈，影响后面添加的新茶的品质。

4. 茶具的保养

（1）如果茶杯上浸入茶渍，可用软布蘸少许食盐擦拭。

（2）随手泡和长嘴大铜壶因为是金属制造，壶身上很容易留下水渍，斑斑点点的很不雅观，可用软布蘸少许食碱轻轻擦拭，随后用清水拭净，用干布擦干，又会光亮如新了。

五、服务礼仪

（1）奉茶时，服务人员用左手托好托盘，在客人的右侧服务。奉茶前，要先轻声说"对不起，打扰一下。"然后用右手将茶杯端至客人的右手边，用手示意并说"这是您的茶，请慢用！"泡茶所用茶具若是盖碗，应手托杯托，将盖碗端至客人面前；若是茶杯或玻璃杯，则应手握杯子的下方，忌用手碰触杯口。

（2）奉茶时，应按老幼尊卑的顺序依次奉茶。斟茶或是续水时，应先对客人轻声说"对不起，为您加点水。"如果使用较特殊的长嘴大铜壶续水，应避免长壶嘴碰到客人，或是斟茶时烫到客人。无论是斟茶还是续水，既不能让客人等待时间过长、总是杯中无茶，又不能过于频繁、打扰到客人。

六、餐厅包间餐茶服务

1. 餐前服务

以客人点要西湖龙井茶为例，参照教学光盘反复练习：

（1）准备：提前15分钟打开消毒锅，给随手泡中注满水。

（2）点茶：为客人递上茶单，打开自动按钮，选定茶后，将茶船上多余的茶具撤掉。

（3）计时：调好音响计时器的时间，将音响计时器拿到茶桌上。

（4）致迎客辞：打开音乐，对客人说："尊贵的客人您好，我是李萍，今天由我为您泡茶，希望我的服务能让您满意。

（5）摆茶垫：将茶垫摆放到奉茶盘中。

（6）置杯：将消过毒的品茗杯放到茶垫上。

（7）温壶、温盅、温滤网：介绍温茶具的作用，"让茶具升温，使茶汤滋味浓淡相同。"

（8）凉水：将随手泡中的开水注入公道杯中，待水温降至适宜泡茶的温度。

（9）赏茶：将袋泡茶打开，放入茶荷中，请客人赏茶："请您赏茶，今天您选用的是产自浙江省杭州市的西湖龙井茶。"

（10）置茶：将茶叶拨置壶中。

（11）温润茶叶：给壶中注入1/3的水，将紧结的茶叶润泡开。

（12）冲水：向客人介绍："高冲水，使壶中的茶叶上下翻滚，有助于茶叶内含物质浸出，便茶汤浓度达到上下一致。"

（13）介绍龙井茶：按下计时器，开始介绍龙井茶的特点。可以先介绍茶叶产地和沏泡水温，再说茶叶功效。"您选用的龙井茶产自我国著名的风景区杭州西湖山区，我们选用的龙井茶都是应年的新茶，现在正值春天，正是品饮龙井茶的好时候。沏泡龙井茶的水温不宜过高，以免破坏茶叶成分，水温应掌握在80℃~85℃。龙井茶具有抗氧化、延缓衰老、促进身体新陈代谢、增强身体免疫力、防辐射等多重功效，是我们生活中的健康饮品。"

（14）出汤：向客人介绍："时间到了，现在为您出茶汤。"

（15）分茶入杯：向客人介绍："茶斟七分满，留下三分是我们对您的情意。"

（16）奉茶：向客人介绍："将品茗杯奉至您的面前，您可以先看茶汤颜色，再闻茶汤的香气，稍后由我带您品味茶汤的滋味。"

（17）拿杯：向客人介绍："女士拿杯时，拇指食指托杯沿，中指托杯底，显示高贵典雅。男士直接握杯即可，寓意大权在握。"

（18）品茶：向客人介绍："品茗时分三口，一口为喝，二口为饮，三口称为品。"

（19）斟第二杯茶：向客人介绍："您尝尝我们的茶是不是很好喝？现

在为您斟上第二杯。"

2. 餐中服务

客人上桌，直接换大杯，再用大的玻璃公道杯给客人加茶，在客人右侧斟茶。在餐与茶的转换中用消毒毛巾擦手。

3. 餐后服务

客人吃完饭，按照餐前泡茶程序重新给客人泡茶。

七、餐厅大厅餐茶服务

以客人点要西湖龙井茶、大瓷壶冲泡、按位派茶为例：

（1）提前给随手泡中注满水。

（2）客人入座，打开随手泡，递上茶单。

（3）客人选定茶叶后，根据客人选定的茶叶选择适合泡茶的茶具。

（4）温壶、温盅、温滤网、温杯。

（5）将茶叶放到茶荷中。

（6）置茶。

（7）温润茶叶。

（8）冲水。

（9）按下计时器。

（10）出汤，拿出茶壶内胆。

（11）分茶入杯，用托盘将泡好的茶汤端到客人面前，进行斟茶，同时介绍茶叶特点："您选用的这款龙井茶素有人间天堂支撑点的美誉，是杭州市的名贵特产。常喝龙井茶可以补充人体所需要的维生素及各种微量元素，还能促进身体新城代谢，延缓衰老，是我们生活中的健康饮品。"

以客人点要西湖龙井茶、按杯泡法为例：

（1）提前给随手泡中注满水。

（2）客人入座，打开随手泡，递上茶单。

（3）客人选定茶叶后，根据客人选定的茶叶选择适合泡茶的茶具。

（4）温杯。

（5）赏茶、置茶。方法大瓷壶泡法。

（6）温润茶叶。

（7）冲水，按下计时器，介绍茶叶。

（8）出汤，将杯盖反放，取出杯子内胆放在杯盖上，将茶奉给客人。

（9）加水时，将杯子内胆放回杯内，冲水、出汤时，再将内胆拿出。

职业能力测试

1. 为客人泡茶的正确坐姿是什么？

2. 应如何对待初次到店饮茶的客人？

3. 对茶艺人员进行普通话语言练习的重要性是什么？

4. 冲泡乌龙茶所需的用具都包括哪些？

5. 为什么要高冲水低斟茶？

6. 为客人泡茶前需要征求客人的意见吗？

7. 当客人提出用玻璃杯冲泡乌龙茶时，你该如何对待？

8. 绿茶什么时间喝更适宜？

9. 什么叫茶醉？什么情况下易引起茶醉？

10. 用盖碗品茶时的手法男女有别吗？

11. 红茶的特点是什么？

12. 一把紫砂壶是否既可以冲泡铁观音，又可以冲泡桂花乌龙茶？

13. 当客人提出存茶时你应如何处理？

14. 你如何理解茶艺师这个职业。

附录1 茶艺专业术语与常用语中英文对照

一、服务用语

1.您好！欢迎您光临×××茶艺馆。

Good morning/afternoon/evening! Welcome to ×××Tea House.

2.您里面请。

This way, please!

3.您是第一次光临我们茶楼吗？

Is this your first time to come to our tea house?

4.您是坐雅座还是坐包间？

Would you like to choose separate room or to sit in the hall?

5.先生/女士/小姐，您好！这是我们的茶单，请您选择喝哪种茶？

Excuse me! This is our tea menu, please make your choices. Take your time.

6.需要我给您介绍一下特色茶吗？

Would you like me to introduce our specialized tea?

7.您平时喜欢喝那种茶？

What kind of tea do you usually prefer to?

8.这是您点的西湖龙井。

Here is your Xi'hu Longjing tea.

9.您喜欢浓一些还是淡一些的茶？

Which would you like, heavy or light?

10. 绿茶可以提高人身体的免疫力，还可以辅助消化。

Green tea could improve your immunity and enhance the digestion as well.

11. 高档绿茶冲泡的水温不宜太高，应以75~80 ℃为宜。

Water temperature between 75 and 80 centigrade is preferred for high level green tea.

12. 请问现在可以为您泡茶了吗？

Excuse me, do you mind me preparing tea for you at present?

13. 泡茶用的水，以天然的山泉水为最好。

Natural mountain spring water is best for tea.

14. 您需要存茶吗？

Do you need to store tea?

15. 请您慢用。您如果有需要，请按旁边的红色按纽，我们随时等候为您服务。

I hope you will enjoy it. If you want something else, please push the red button nearby and let me know.

16. 请您稍等。

Please wait for a moment.

17. 您好！我可以为您更换茶船里的废水吗？

Excuse me! Do you mind me cleaning your tea tray?

18. 您看一下，这是我们茶楼的存茶价目表。

Excuse me! This is our price list for tea-storing.

19. 对不起，打搅一下，我给您壶里加点水。

Sorry to trouble you. It's better to add some more water.

20. 您好，有什么需要吗？

Hello! What can I do for you?

21. 您需要结账吗？请稍等。

Do you need to pay for it? Please wait for a moment.

22. 您一共消费180元，收您200元，请稍等。

Well, 180 Yuan in total. 200 Yuan, thank you. Please wait for a minute.

23. 这是找您的零钱和发票，您放好。

Here are your changes and your invoice. Please take them with you.

24. 请您带好您的物品，欢迎您下次光临。

Please take all your belongings. Hope to see you again!

25. 您慢走，欢迎您再次光临。

Thank you for your coming! Hope to see you again!

二、专业用语 Tea expressions

（一）绿茶 *Green Tea*

1. 绿茶为不发酵茶，制作原料以嫩芽嫩叶为主。

Green tea is unfermented and uses tender tea sprouts and leaves as raw material.

2. 高档绿茶多以玻璃杯冲泡，水温为75~80℃。

Glasses are the preferable drinking utensil for high-end green tea and water temperature of 75—80 degrees is the most ideal for making tea.

3. 玻璃杯可以看到清汤绿叶的茶在杯中上下飘舞的美。

The moving tea leaves can be enjoyed from the glasses.

4. 西湖龙井产自浙江省杭州市西湖地区。

Xi'hu Longjing tea is produced in West Lake area, Hangzhou, Zhejiang Province.

5. 杭州的双绝为"龙井茶，虎跑水"。

The two unique specialties in Hangzhou are the Longjing tea and the Hupao water.

6. 龙井茶以形美、色绿、香清味醇著称。

Longjing tea is famous for its beautiful shape, green color and fragrant aroma.

7. 龙井茶外形紧结、扁平均直。

Longjing tea is firm, flat and straight in shape.

8. 碧螺春有"一嫩三鲜"之称，芽叶嫩，色鲜、味鲜、汤鲜。

Biluochun tea is famous for its tender sprout and leave, fresh color, taste and soup.

9. 品茶时，先观赏茶的汤色和形态，然后闻茶的香气，品茶的滋味。

When having tea, first enjoy the color of tea and shape of the leaves, then smell the tea, finally tastes it.

10. 泡茶时，水温如果过高会将茶叶泡熟，茶汤很快变黄，影响正确品茶。

When making tea, the overly hot water can ripen the tea leaves and result in the water turning yellow.

11. 冲泡绿茶的时间一般以三四分钟为宜。

Usually the time for tea making is between 3 and 4 minutes.

12. 用盖碗或瓷杯冲泡细嫩茶时，不加杯盖为宜。

When making tea using tender leaves, the cup or mug should be kept unlid.

13. 冲泡中下等绿茶时，可选用加盖的杯子。

When making tea using average class tea or even below, the cup or mug can be lidded.

（二）乌龙茶（青茶） *Wulong Tea*

1. 乌龙茶为半发酵茶，发酵度为10%~70%。

Wulong tea is half-fermented tea. The fermented percentage is between 10% and 70%.

2. 乌龙茶既有绿茶的清香，又有红茶的甘醇。

Wulong tea has the fragrant aroma as green tea and sweet taste as black tea.

3. 铁观音产自福建省安溪县。属于中发酵茶。被誉有"蜻蜓头、螺旋体、青蛙腿"之称。

Tieguanyin tea is produce in Anxi County, Fujian Province. It is called the kind of tea with dragonfly's head, spiral body and frog's leg.

4. 在冲泡前，应先温茶具，提升温度，避免冷与热悬殊太大，影响茶汤的滋味。

The drinking utensils should be warmed before tea-making so as to avoid the taste changing due to the huge disparity between cold and hot temperatures.

5. 冲泡乌龙茶的第一泡茶汤为温润泡，即温润茶叶，将紧结的茶叶泡松可使未来每泡茶汤保持同样的浓淡。

The first pouring in making Wulong tea is to warm and soften the tea leaves so that the tea will be evenly tasted from later pourings.

6. 第二泡茶称为正泡。

The second pouring is the formal one.

7. 冲泡茶时，做到高冲低斟。高冲使茶在水中翻滚，促使茶汁尽快溶于茶汤；低斟是使茶香不宜散失，茶汤不会外溅。

In pouring the water, it goes from high to low. During the high pouring, the tea leaves move about in the water and the tea is readily made while during low pouring, the fragrance is well preserved and the water does not spill about.

8. 冲泡铁观音需要1分钟，接下来每泡依次延长15秒钟。

It takes about one minute to make Tieguanyin tea. For the second pouring, an additional 15 seconds should be added and this rule goes on for the still following pourings.

9. 冲泡乌龙茶一般选用紫砂壶或盖碗。主泡茶具还有烧水壶、品茗杯、公道杯、茶船。

Wulong tea is usually prepared in pottery or porcelain cup with lids. The utensils for making tea include kettle, cups and coasters.

10. 春茶的铁观音香气弱，滋味甘醇。秋茶的铁观音香气高，滋味淡。

Tieguanyin tea picked in spring is long on taste and short on aroma while Tieguanyin tea picked in autumn is long on aroma and short on taste.

11. 好的乌龙茶品完后，有口齿留香的感觉。

After drinking the fine Wulong tea, the aroma lingers in the drinkers' mouth.

12. 公道杯的作用为中和茶汤，使每位客人杯中的茶汤浓淡相同。

Fair cup is used to mix the tea and make it evenly tasted for each and every drinker.

13. 品茶时，应先闻香再品茶。

While having tea, smelling goes before tasting.

14. 品字三个口，品茶时要分三口喝，方称为品。

It is suggested to drink the tea in three sips and that is way of tasting tea.

15. 乌龙茶冲泡次数一般要达到4~6泡。

Wulong tea can last for 4~6 pourings.

（三）红茶 Red tea

1. 红茶为完全发酵茶，发酵度为100%。

Red tea is fully fermented tea. The fermented percentage is 100%.

2. 红茶外观为暗红色，呈紧结的条状和颗粒状。

Red tea is dark red in color, firm stick or sand–like in shape.

3. 红茶冲泡时一般选择瓷壶冲泡。

Porcelain cups are usually used for making red tea.

4. 冲泡水温一般为90~100℃。

The temperature of the water is between 90 and 100 degrees.

5. 冲泡时香气高为焦糖香，汤色红艳明亮，叶底鲜红嫩软。

During pouring, red tea has strong aroma, brilliantly red color and soft leaves.

6. 祁门红茶产自安徽省黄山地区，被称为世界三大高香茶之一。

Qimen red tea is produced in Yellow Mountain are in Anhui Province. It is regarded as one of the three strong aroma teas in the world.

7. 红茶还可加入奶、柠檬、薄荷等制作成调和茶。

Concocted tea can be made if you add milk, lemon or mint into the red tea.

（四）黄茶 *Yellow tea*

1. 黄茶属于部分发酵茶，发酵度为10%。

Yellow tea is partly or 10% fermented tea.

2. 黄茶被喻有三黄色之称，即叶黄、汤黄、叶底黄。

Yellow tea is famous for the yellow leaves both before and after pouring, and yellow tea water.

3. 冲泡香气清新，滋味鲜醇。

Yellow tea gives off fresh aroma and tastes fresh pure.

4. 冲泡水温以70℃为宜，因为黄茶的原料为细嫩的芽头制成。

70 degrees of water temperature is ideal for making yellow tea as the tea leaves are very tender sprouts.

5. 冲泡时茶具选用玻璃杯，可欣赏茶在杯中上下飘舞的美。

Glass is used for making the yellow tea so that the beauty of the moving tea leaves can be enjoyed.

6. 君山银针产于湖南省岳阳市洞庭湖中的君山岛上。

Junshan Silver Needle tea is produced in Junshan Island in Dongting Lake, Yueyang City, Hunan Province.

7. 君山银针被喻有三黄色之称：茶在杯中，三起三落，竖立杯中，如雨后春笋。

Junshan Silver Needle tea is famous for the three yellow colors. It moves up and down in the water and stands vertically like spring bamboo shoots after rain.

8. 君山银针冲泡以10钟为宜。

After pouring, Junshan Silver Needle tea will be ready in 10 minutes.

（五）白茶 *White tea*

1. 白茶原料多以带有茸毛的壮芽、嫩芽制成，为部分发酵茶，发酵度为10%。

White tea is 10% fermented tea and the raw materials are tender sprouts with fine hairs.

2. 冲泡水温以70℃为宜，因茶芽细嫩，如温度过高，会将茶芽烫熟。

The temperature of the water should be around 70 degrees to make white tea as the over-heated water can damage the tender sprouts.

3. 银针白毫产自福建福鼎、政和。

Silver Needle White tea is produced in Fuding, Zhenghe area, Fujian Province.

4. 银针白毫外形挺直如针，色白如银。

Silver Needle White tea is white in color and needle-like in shape.

5. 白牡丹的特点为绿叶加银芽，形似花朵。

White Peony features its silver sprouts, green leaves and flower-like shapes.

6. 冲泡时香气清爽，色泽橙黄，滋味醇和。

The ready-made tea gives off fresh aroma, looks orange yellow and tastes pure.

（六）黑茶 *Black tea*

1. 黑茶属于后发酵茶，发酵度视发酵时间长短而定。

Black tea is fermented for the last process. Ferment percentage depends on the time of fermentation.

2. 原料选用粗老的梗叶制成，外形为紧结的条状，干茶的颜色为暗红色。

The raw materials come from the coarse leaves that are stick shaped and dark red in color.

3. 冲泡所用茶具宜选择紫砂壶。

Pottery cups are used for making black tea.

4. 冲泡水温为100℃的沸水。冲泡后香气为陈香，汤色如枣红色，滋味醇厚，回甘好。

The boiling water is used to make tea. The tea has lingering aroma and taste with the color as red as dates.

5. 普洱茶产自云南省。

Pu'er tea is produced in Yunnan Province.

（七）花茶 Jasmine tea

1. 花茶的原料主要以烘青绿茶加茉莉花窨制而成。

Jasmine tea uses green tea leaves and Jasmine flowers as raw material.

2. 冲泡花茶时香气鲜灵持久，既有清新的花香，又有醇厚、回甘的滋味，尤为北方人所喜爱。

Jasmine tea is well favored by the people living in North China because of its lingering aroma and taste.

3. 冲泡花茶的茶具以盖碗或瓷杯为宜。

Porcelain cups or mugs with lids are used for making Jasmine tea.

4. 冲泡水温以85~90℃为宜。

The ideal water temperature for making Jasmine tea is from 85 to 90 degrees.

5. 花茶一般可冲泡3~4次。

Jasmine tea can last for 3~4 pourings.

6. 在品茶前，先观赏茶的汤色，闻盖上的茶香，分三口品茶的滋味。

Before drinking the tea, it is usually suggested to observe the tea color, smell the aroma on the lids and finally drink it in three sips.

三、茶具 Tea utensils

1. 盖碗是一杯三件的盖杯，分盖、杯身、杯托。杯为反边敞口的瓷碗，以江西景德镇著名。

Porcelain cup set consists of cup lid, cup body and cup coaster. The porcelain cup made in Jingdezhen, Jiangxi Province is the most renowned.

2. 紫砂茶具泡茶保香，存放茶叶不变色，夏季不宜馊。

Pottery cup is ideal for preserving the tea aroma and the pottery container is ideal for keeping tea leaves as color-changing can be avoided and going-bad can be averted in summer.

3. 瓷器外形美观，花色多样，传热保温适中。

Porcelain cups are beautiful in shape, rich in varieties and medium in temperature preservation.

4. 玻璃茶具透明度高，能增加茶的观赏度。

Glass utensils are good for observation because of its transparency.

5. 选择茶具要因茶、因人、因地制宜。

The choice of tea utensils depends on the tea itself, the drinker and the places.

6. 主泡茶具：随手泡、茶船（水方）。

Major tea utensils include kettle and coaster.

7. 泡茶用具：紫砂壶、瓷壶、瓷杯、玻璃杯、玻璃壶、盖碗。

Tea cups include pottery kettle, porcelain kettle, porcelain cups, glasses, glass kettle and cups with lids.

8. 储茶、盛茶用具：茶荷、茶则。

Tea containers include Chahe and Chaze.

9. 洁具器：茶池、水盂、茶巾。

Cleaning utensils include tea pool, waste water cup and tea napkin.

10. 杯具：闻香杯、品茗杯、公道杯、紫砂杯等。

Tea cups include smelling cup, drink cup, fair cup and pottery cup.

11. 辅助用具：茶匙、茶漏、茶夹、茶针、滤网、茶垫（杯垫）、茶盘、养壶笔等。

Supplementary utensils include tea spoon, tea funnel, tea tweezers, tea needle, funnel mesh，coaster，tea tray and kettle brush.

附录2　茶艺服务常用表格

表1　存放茶叶基数表格

名　称	基　数	级　别	存放日期	存放方法

表2　固定茶具基数表格

名　称	基　数	类　别	日　期

表3　会员填写表格

姓　名	联系方式	地　址	性　别	类　别	备　注

表4　客人存放茶叶表格

姓　名	联系方式	茶叶种类	编　号	存茶日期	存茶方法

表5　客人养护表格

姓　名	联系方式	紫砂壶种类	编　号	养护日期	养护方法

附录3 茶艺馆服务员国家职业技能等级要求

1. 初级

职业功能	工作内容	技能要求	相关知识
接待	礼仪	1. 能做到仪容仪表整洁大方 2. 能够正确使用礼貌服务用语	1. 仪容、仪表、仪态常识 2. 语言应用基本常识
	接待	1. 能够做好营业环境准备 2. 能够做好营业用具准备 3. 能够做好茶艺人员准备 4. 能够主动、热情地接待客人	1. 环境美常识 2. 营业用具准备注意事项 3. 茶艺人员准备的要求 4. 接待等程序基本常识
准备与演示	茶艺准备	1. 能够识别主要茶叶品类，并根据泡茶要求准备茶叶品种 2. 能够完成泡茶用具的准备工作 3. 能够完成泡茶用水的准备工作 4. 能够完成冲泡用茶相关用品的准备工作	1. 茶叶分类、品种、名称知识 2. 茶具的种类和特征 3. 泡茶用水的知识 4. 茶叶、茶具和水质鉴定知识
	茶艺演示	1. 能够在茶叶冲泡时选择合适的水质、水量、水温和冲泡器具 2. 能够正确演示并解说绿茶、红茶、乌龙茶、白茶、黑茶和花茶的茶艺过程 3. 能够介绍茶汤的品饮方法	1. 茶艺器具应用知识 2. 茶艺演示要求及注意事项

职业功能	工作内容	技能要求	相关知识
服务与销售	茶事服务	1. 能够根据顾客状况和季节不同推荐相应的茶饮 2. 能够适时介绍茶的典故、艺文、激发顾客品茗的兴趣	1. 人际交流基本技巧 2. 有关茶的典故和艺文
	销售	1. 能够揣摩顾客心理，适时推介茶叶与茶具 2. 能够正确使用茶单 3. 能够熟练完成茶叶、茶具的包装 4. 能够完成茶艺馆的结账工作 5. 能够指导顾客储藏和保管茶叶 6. 能够指导顾客进行茶具的养护	1. 茶叶、茶具包装知识 2. 结账基本程序 3. 茶具养护知识

2. 中级

职业功能	工作内容	技能要求	相关知识
接待	礼仪	1. 能保持良好的仪容仪表 2. 能有效地与顾客沟通	1. 服务礼仪中的语言表达艺术 2. 服务礼仪中的接待艺术
	接待	能够根据顾客的特点，进行针对性的服务	
准备与演示	茶艺准备	1. 能够识别主要茶叶的品级 2. 能够识别常用茶具的质量 3. 能够正确配置茶艺茶具，布置表演台	1. 茶叶质量分级知识 2. 茶具质量知识 3. 茶艺茶具配备基本知识
	茶艺演示	1. 能够按照不同的茶艺要求，选择和配置相应的音乐、服饰、插花、薰香、茶挂 2. 能够担任3种以上茶艺表演的主泡	1. 茶艺表演场所布置知识 2. 茶艺表演基本知识
服务与销售	茶事服务	1. 能够介绍清饮法和调饮法的不同特点 2. 能向顾客介绍中国名茶、名泉 3. 能够解答顾客提出的有关茶艺的问题	1. 艺术品茗知识 2. 茶的清饮法和调饮法知识
	销售	能够根据茶叶、茶具的销售情况，提出货品调配建议	货品调配知识

3. 高级

职业功能	工作内容	技能要求	相关知识
接待	礼仪	能保持形象自然、得体、高雅，并能正确运用国际礼仪	1. 人体美学基本知识及交际原则 2. 外宾接待注意事项 3. 茶艺专用外语基本知识
	接待	能够用外语说出主要茶叶、茶具品种的名称，并能用外语对外宾进行简单的问候	
准备与演示	茶艺准备	1. 能够介绍主要名优茶产地及品质特征 2. 能够介绍主要瓷器茶具的款式及特点 3. 能够介绍紫砂壶主要制作名家及特色 4. 能够正确选用少数民族茶饮的器具、服饰 5. 能够准备调饮茶的器物	1. 茶叶品质知识 2. 茶叶产地知识
	茶艺演示	1. 能够掌握各地风味茶饮和少数民族茶饮的操作（3种以上） 2. 能够独立组织茶艺表演，并介绍其茶文化的内涵 3. 能够配置调饮茶（3种以上）	1. 茶艺表演美学特征知识 2. 地方风味的茶饮和少数民族茶饮基本知识
服务与销售	茶事服务	1. 能够掌握茶艺消费者需求特点，适时营造和谐的经营气氛 2. 能够掌握茶艺消费者的心理，正确引导顾客消费 3. 能够介绍人茶文化旅游事项	1. 顾客消费心理学基本知识 2. 茶文化旅游基本知识
	销售	1. 能够根据季节变化、节假日等特点，制定茶艺馆消费品调配计划 2. 能够按照茶艺馆要求，参与或初步设计茶事展销活动	茶事展示活动常识

4. 技师

职业功能	工作内容	技能要求	相关知识
茶艺馆布局设计	茶艺馆设计要求	1. 能够提出茶艺馆选址的基本要求 2. 能够提出茶艺馆的设计建议 3. 能够提出茶艺馆装饰的不同特色	1. 茶艺馆选址基本知识 2. 茶艺馆设计基本知识
	茶艺馆布局	1. 能够根据茶艺馆的风格布局陈列柜和服务台 2. 能够主持茶艺馆的主题设计，布置不同风格的品茗室	1. 茶艺馆布局风格基本知识 2. 茶艺馆氛围营造基本知识
茶艺表演与茶会组织	茶艺表演	1. 能够担任仿古茶艺表演的主泡 2. 能够掌握一种外国茶艺的表演 3. 能够熟练运用一门外语介绍茶艺 4. 能够策划组织茶艺表演活动	1. 茶艺表演美学特征基本知识 2. 茶艺表演器具配套基本知识 3. 茶艺表演动作内涵基本知识 4. 茶艺专用外语知识
	茶会组织	能够设计组织各类中小型茶会	茶会基本知识
管理与培训	服务管理	1. 能够编制茶艺服务程序 2. 能够制定茶艺服务项目 3. 能够组织实施茶艺服务 4. 能够对茶艺师的服务工作进行检查 5. 能够对茶艺馆的茶叶、茶具进行质量检查 6. 能够正确处理顾客投诉	茶艺服务管理知识
	茶艺培训	能够制订并实施茶艺人员的培训计划	培训计划和教案的编制方法

5. 高级技师

职业功能	工作内容	技能要求	相关知识
茶饮服务	茶饮服务	1. 能够根据顾客要求和经营需要设计茶饮 2. 能够品评茶叶的等级	1. 茶饮创新基本原理 2. 茶叶品评基本知识
	茶叶保健服务	1. 能够掌握茶叶保健的主要技法 2. 能够根据顾客的健康状况和疾病配置保健茶	茶叶保健基本知识
茶艺创新	茶艺编创	1. 能够根据需要编制不同茶艺表演，并达到茶艺美学要求 2. 能够根据茶艺主题配置新的茶具组合 3. 能够根据茶艺特色，选配新的茶艺音乐 4. 能够根据茶艺需要，安排新的服饰布景 5. 能够用文字阐释新编创的茶艺表演的文化内涵 6. 能够组织和训练茶艺表演队	1. 茶艺表演编创基本原理 2. 茶艺队组织训练基本知识
	茶艺创新	能够设计并组织大型茶会	大型茶会创意设计基本知识
管理与培训	技术管理	1. 能够制订茶艺馆经营管理计划 2. 能够制订茶艺馆营销计划，并组织实施 3. 能够进行成本核算，对茶饮合理定价	1. 茶艺馆经营管理知识 2. 茶艺馆营销基本法则 3. 茶艺馆成本核算知识
	人员培训	1. 能够独立主持茶艺培训工作，并编写培训讲义 2. 能够对初中高级茶艺师进行培训 3. 能够对茶艺技师进行指导	1. 培训讲义的编写要求 2. 技能培训教学法基本知识 3. 茶艺馆人员培训知识